普通高等教育土木工程学科精品规划教材

画法几何与阴影透视

DESCRIPTIVE GEOMETRY, SHADOWS AND PERSPECTIVE

戴丽荣　远　方　主编

尹建忠　李　斌　王养军　李会平　编

U0259480

天津大学出版社

TIANJIN UNIVERSITY PRESS

内 容 提 要

本书与《画法几何与阴影透视习题集》配套使用。

本书是根据《房屋建筑制图统一标准》(GB/T 50001—2010)、《建筑制图标准》(GB/T 50104—2010)等相关国家标准编写的。

全书共 11 章,第 1~5 章为画法几何部分,第 6 章为建筑施工图部分,第 7、8 章为轴测图阴影及正投影阴影,第 9、10 章为透视图部分,第 11 章为透视图阴影部分。全书内容紧凑、精练。

本书可作为高等院校建筑学、城市规划、环境设计、风景园林等专业的专用教材,也可作为土木工程、水利水电、港口航道工程、海洋工程、工程管理等相关专业的辅助教材,还可作为相关专业人员的自学参考资料。

图书在版编目(CIP)数据

画法几何与阴影透视/戴丽荣,远方主编;尹建忠等编. —天津:天津大学出版社,2018.4(2023.8 重印)

普通高等教育土木工程学科精品规划教材.

ISBN 978-7-5618-6097-7

Ⅰ.①画… Ⅱ.①戴… ②远… ③尹… Ⅲ.①画法几何 – 高等学校 – 教材 ②建筑制图 – 透视投影 – 高等学校 – 教材 Ⅳ.①O185.2②TU204

中国版本图书馆 CIP 数据核字(2018)第 059378 号

画法几何与阴影透视

HUAFA JIHE YU YINYING TOUSHI

出版发行	天津大学出版社	
地　　址	天津市卫津路 92 号天津大学内(邮编:300072)	
电　　话	发行部:022-27403647	
网　　址	www.tjupress.com.cn	
印　　刷	天津泰宇印务有限公司	
经　　销	全国各地新华书店	
开　　本	185mm×260mm	
印　　张	15.25	
字　　数	381 千	
版　　次	2018 年 4 月第 1 版	
印　　次	2023 年 8 月第 3 次	
定　　价	46.00 元	

前言

　　本书适合 64 学时、48 学时或 32 学时的课程教学。编者同时编写了《画法几何与阴影透视习题集》与本书配套使用。为使学生更好地学习本课程，封底印有二维码，教师或学生通过扫码可即时获取习题答案等辅助教学资源。

　　本书包含画法几何、建筑施工图及建筑形体阴影透视三部分内容。其中，画法几何部分介绍了投影的基本知识，点、线、面、体的投影，组合体视图及剖面图。建筑施工图部分通过剖析一套别墅的平、立、剖面图及楼梯详图，深入浅出地讲解了建筑工程图的阅读及绘制方法。建筑形体阴影透视包括阴影和透视两部分，阴影部分介绍了轴测图阴影和正投影阴影；透视部分介绍了透视图的基本知识、透视图的画法及透视图阴影。

　　本书是根据《房屋建筑制图统一标准》(GB/T 50001—2010)、《建筑制图标准》(GB/T 50104—2010)等相关国家标准，并结合编者多年教学经验编写而成的。

　　本书可作为高等院校建筑学、城市规划、环境设计、风景园林等专业的专用教材，也可作为土木工程、水利水电、港口航道工程、海洋工程、工程管理等相关专业的辅助教材，还可作为相关专业人员的自学参考资料。

　　参加本书编写工作的有：天津大学远方、尹建忠、李斌(第 1、3、4 章)，戴丽荣、远方(第 2、6、7、8、9、10、11 章)，王养军(第 5 章)。由远方、戴丽荣、李会平最后统稿完成。

　　由于编者水平有限，书中难免存在缺点和错误，在此恳请读者批评指正。

编　者

目　　录

概述

0.1　学科的起源

几何学是画法几何的基础。2 000 多年前,柏拉图(公元前 429—公元前 347)、亚里士多德(公元前 384—公元前 322)等古希腊学者创立了现今的初等几何大部分内容,公元前300 年,古希腊杰出数学家欧几里得在梳理前人工作的基础上,写出《几何原本》一书,奠定了现代几何学的理论基础。

具有 5 000 年文明史的中国在几何学研究中也有辉煌的一页,"没有规矩不成方圆",反映了古代中国人民对尺规作图规律的深刻理解和认识,战国时代的技术著作《周礼考工记》中已记载了规矩、绳墨、悬垂等几何测绘工具及其使用方法。古代数学名著《周髀算经》,对直角三角形三边的内在性质已有相当深刻的认识。

公元 1600 年,明万历二十八年,举人徐光启在意大利传教士利玛窦帮助下,以《几何原本》为教材,边学习边翻译,将系统的几何学理论引入中国并将这门学科定名为几何学,其中如"平行线、直角、钝角"等术语一直流传至今。

在近代工业革命的进程中,随着生产的社会化,1795 年法国科学家蒙日(G. Monge)系统地提出了以正投影法为主要研究手段的画法几何,把工程图的表达和绘制高度规范化,从而使画法几何学成为工程图的基础理论,使得工程语言——工程图更加严谨、准确和清晰。

蒙日是一位数学天才,他曾是法国军事工程学院的数学教师,29 岁取得独立教授职位,曾任法国海军部长,组织筹建巴黎综合工科学校。法国大革命前后,军事的需要推动蒙日等学者对画法几何理论开展研究并形成《画法几何》(*Descriptive Geometry*)一书,但因具体内容涉及许多军事机密,故在很长一段时期内不被世人所知,直到 30 年后该书才得以出版,该书的出版标志着画法几何学的诞生。

在中国,宋代李诫(明仲)所著《营造法式》是我国建筑技术的一部经典著作,其中所绘图样已相当全面、正确地使用了正投影法和轴测投影法,与近现代依据画法几何理论所绘图样无太大区别。到了明代,宋应星编写的《天工开物》以及其他技术书籍,也有大量图样表示车舟器械的形状和结构,其表达方法与现代绘图相差无几。

从蒙日创立画法几何学至今已有 200 多年的历史,在工程技术领域,画法几何是不可缺少的技术基础,对世界各国工程技术的发展起到了巨大的推动作用,并成为培养工程技术专门人才的高等工程教育必修的技术基础课。

0.2　课程性质和任务

在人类文明的发展过程中,伴随着土建工程、机械加工、产品制造等各种各样的工程生产实践活动。其中,工程设计是工程生产活动中必不可少的一个重要环节,它的主要表现形式是工程图样。工程图样是工程构思、分析和表达的载体,是工程师和工程技术人员交流设计思想的工具,因此被誉为工程师的"语言"。学习掌握这一"语言"是任何一个工程师或工程技术人员的必修课程。

本课程的主要任务:①学习投影基本理论;②掌握形体表达方法;③培养读图和绘图的基本技能;④培养空间思维能力。

0.3　学习方法

(1)本课程学习的核心内容是要求学生具备由三维形体绘制平面图形或由平面图形想象三维形体的能力。学习时需要由浅入深、由简及繁、由易到难,循序渐进地理解三维形体和二维图形之间的转换过程和方法,必须逐步推进、环环相扣,像上台阶一样逐层提高空间思维能力。

(2)实践性强是本课程的一大特点。学习时除了课堂认真听讲之外,完成一定量的课外作业也非常必要。通过课外作业可以巩固课堂知识,并逐步提高空间想象能力。

(3)工程图样是非常严谨的技术资料。学习本课程时需要保持严谨的工作态度。无论是课堂内还是课堂外,在完成图样绘制工作时,都要严格要求自己,认真绘图,并严格执行国家标准。

第1章　投影的基本概念及点的投影

1.1　投影的基本概念

1.1.1　投影法及其分类

太阳光照射下的物体会有影子,受这一自然现象的启发人们创立了投影法。

投影法的概念就是投射线通过物体,向选定的面投射,并在该面上得到图形的方法。

根据投射线的几何形态不同,投影法可分为中心投影法和平行投影法两类。

1. 中心投影法

所有投射线都汇交于投射中心的投影法称为中心投影法,利用这种方法形成的投影称为中心投影,如图1-1所示。

中心投影的特性是投影的大小会随物体在投射中心和投影面之间的相对位置变化而变化;物体上同样长度的线条投影后长度可能不同。

在工程应用上,中心投影法主要用来绘制透视投影图,简称透视图,如图1-2所示。透视图的优点在于直观且空间立体感强;缺点在于制图困难且度量性差。透视图多用于绘制效果图、广告图等,不用于绘制施工图。

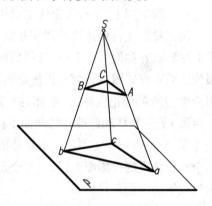

图1-1　中心投影法

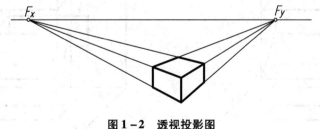

图1-2　透视投影图

2. 平行投影法

所有投射线都互相平行的投影法称为平行投影法,利用这种方法形成的投影称为平行投影,如图1-3所示。

根据投射线与投影面是否垂直,平行投影法又可分为正投影法和斜投影法两种。

1)正投影法

当投射线与投影面垂直时,这种投影方法称为正投影法,利用这种投影法形成的投影称为正投影,如图 1 - 3(a)所示。

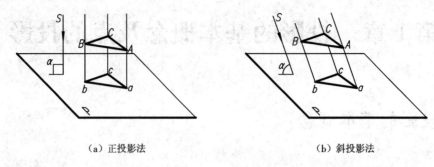

（a）正投影法　　　　　　　　　（b）斜投影法

图 1 - 3　平行投影法

2)斜投影法

当投射线与投影面不垂直时,这种投影方法称为斜投影法,利用这种投影法形成的投影称为斜投影,如图 1 - 3(b)所示。

在工程应用上,平行投影法主要用来绘制多面正投影图、轴测投影图和标高投影图。

用正投影法将形体投射到相互垂直的两个或多个投影面上,形成平面图形,然后将这些平面图形展开到同一个平面,这样的图形称为多面正投影图。将形体投射于多个投影面是因为单面正投影图或者两面正投影图有时不能完全确定形体形状。如图 1 - 4(a)为三棱柱和四棱柱的单面正投影,两形体的投影相同,因此根据投影不能确定形体的形状;同样,图 1 - 4(b)为三棱柱和四棱柱的两面正投影,虽然增加了一个方向的投影,但是两形体的投影仍相同,根据投影还是不能确定形体的形状。只有再增加一个方向的投影,即将形体投射于三个互相垂直的投影面上,形成三个正投影图,才可以唯一确定形体的形状和大小,图 1 - 5为三棱锥的三面正投影图。

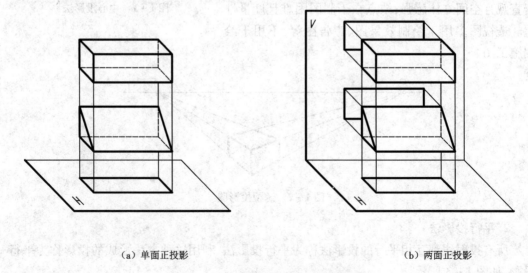

（a）单面正投影　　　　　　　　　（b）两面正投影

图 1 - 4　单面正投影和两面正投影立体图

多面正投影图虽然表达形体不直观,立体感很差,但是却可以准确地描述形体的实际形状和大小。它度量性好,绘制简单,因此在工程设计中应用非常广泛,例如绘制建筑施工图、机械零件加工图、包装设计图,等等。阅读和绘制多面正投影图是一项重要的职业技能,需要专门训练和艰苦努力才能获得,它也是本课程的重点内容,要求学生必须熟练掌握。

用正投影法将形体投射于一个投影面上,形成的具有空间立体感的平面图形,称为正轴测图;用斜投影法将形体投射于一个投影面上,形成的具有空间立体感的平面图形,称为斜轴测图。轴测投影图的优点在于有一定的可度量性,且直观、空间立体感好;缺点在于绘图困难、烦琐。轴测投影图在工程上多用于施工图的辅助图样使用。图 1-6 为形体的轴测投影图。

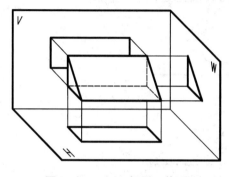

图 1-5　三面正投影立体图

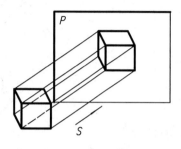

图 1-6　轴测投影图

用正投影法将形体表面上具有一定高差的所有等高线投射到与水平面平行的投影面上,形成等高线的投影,并在等高线的投影上注明等高线在空间的高程值,这种单面正投影图称为标高投影图,如图 1-7 所示。图 1-8 示意了标高投影的原理及过程:形体被一系列高差相等的水平面截切,形体表面与这些水平面的交线则为等高线,将这一系列等高线向与水平面平行的投影面投影,则形成了标高投影图。标高投影图常用于表达不规则的曲面。

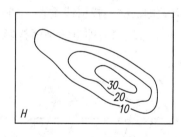

图 1-7　标高投影图

1.1.2　平行投影的特性

1. 相仿性

当空间直线与投射线和投影面都不平行时,空间直线的投影是直线,但是投影的长度和直线实际长度不相等;当空间平面的法线与投射线和投影面都不垂直时,空间平面的投影与平面的实际形状相仿。

如图 1-9 所示,空间直线 AB 与投射线和投影面都不平行,空间直线 AB 上无数点的投影都对应落在投影面内的直线 ab 上,ab 和 AB 形状相仿,都是直线,但是长度不等;空间平面△CDE 的法线与投射线和投影面都不垂直,空间平面△CDE 上无数点都对应落在投影面内的△cde 上,△cde 和△CDE 形状相仿,都是三角形,但面积不同。

2. 积聚性

当空间直线与投射线平行时,空间直线的投影是点;当空间平面的法线与投射线垂直时,空间平面的投影是直线。

如图 1-10 所示,空间直线 AB 与投射线平行,空间直线 AB 上无数点的投影都落在投

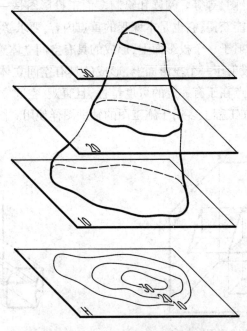

图 1-8　标高投影过程示意

影面的同一点 $a(b)$ 上,形成投影,即空间直线投影后变成点,体现了积聚的特性;空间平面 △CDE 的法线与投射线垂直,空间平面 △CDE 上无数点的投影都对应落在投影面内的直线 ced 上,形成投影,即空间平面投影后变成直线,体现了积聚的特性。

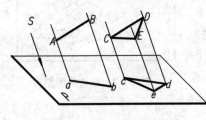

图 1-9　平行投影的相仿性

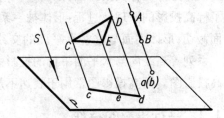

图 1-10　平行投影的积聚性

3. 实形性

当空间直线与投影面平行时,空间直线的投影是直线,且投影长度与直线的实际长度相等;当空间平面的法线与投影面垂直时,空间平面的投影与平面的实际形状相同。

如图 1-11 所示,空间直线 AB 与投影面 P 平行,空间直线 AB 上无数点都落在投影面内直线 ab 上,形成投影,且投影 ab 反映空间直线 AB 的真实长度;空间平面 △CDE 的法线垂直于投影平面 P,空间平面 △CDE 上无数点都落在投影面内 △cde 上,形成投影,△cde 反映 △CDE 的真实形状。

4. 平行性

当两条空间直线相互平行且不与投射线平行时,两条空间直线的投影相互平行;当两个空间平面相互平行且它们的法线垂直于投射线时,两个空间平面的投影相互平行。

如图 1-12 所示,空间直线 AB 与 CD 平行且不与投射线平行,空间直线上的无数点都分别对应落在投影面内直线 ab 与 cd 上,形成投影,且投影 ab 与 cd 平行;空间平面△EFG 和△KMN 平行,且它们的法线与投射线垂直,空间平面上的无数点都分别对应落在投影面内的直线 feg 和 kmn 上,形成投影,且投影 feg 和 kmn 相互平行。

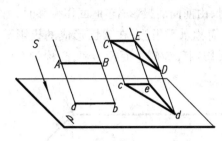

图 1－11　平行投影的实形性

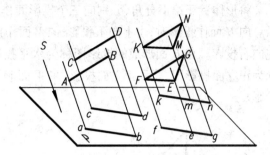

图 1－12　平行投影的平行性

5. 从属性

当空间点在空间直线上,即点从属于直线时,空间点的投影在空间直线的投影上,即点的投影从属于直线的投影;当空间点或空间直线在空间平面上,即点或直线从属于空间平面时,空间点或空间直线的投影在空间平面的投影上,即点或直线的投影从属于空间平面的投影。

如图 1－13 所示,空间点 M 从属于空间直线 AB,空间点 M 的投影 m 从属于空间直线 AB 的投影 ab;空间点 N 和空间直线 CK 从属于空间平面△CDE,空间点 N 和空间直线 CK 的投影 n 和 ck 从属于空间平面的投影△cde。

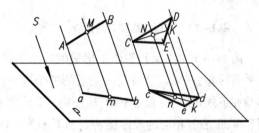

图 1－13　平行投影的从属性和定比性特性

6. 定比性

当空间点从属于空间直线段时,空间点分割空间直线段的比例等于空间点的投影分割空间直线段投影的比例。

如图 1－13 所示,点 M 分割直线段 AB 成 AM 和 MB,投影 m 分割直线段投影 ab 成 am 和 mb,且 AM:MB = am:mb;点 N 分割直线段 CK 成 CN 和 NK,投影 n 分割直线段投影 ck 成 cn 和 nk,且 CN:NK = cn:nk。

1.2　三面投影体系

1.2.1　三面投影体系的建立

为了用正投影图确定空间形体的形状和大小,一般需要将三个投影平面放置成相互垂直的位置关系,见图 1－14。

三个投影平面相互垂直,将空间分为八个分角,顺序依次如图 1－14 所示。我国采用第 1 分角进行正投影。与水平面平行的投影平面称为水平投影面,用字母"H"表示,所以也称作 H 投影面,简称 H 面;位于观测者正前方的投影平面称为正立投影面,用字母"V"表示,所

以也称为 V 投影面,简称 V 面;位于观测者右侧的投影面称为侧立投影面,用字母"W"表示,所以也称作 W 投影面,简称 W 面。三个投影平面相互垂直相交得三条交线,分别称为 OX、OY 和 OZ 轴,三轴的交点是投影体系的原点,用字母"O"表示。

将形体置于第 1 分角,分别向三个投影面作正投影,形成三面正投影图,如图 1 – 15 所示。向 H 面作投影时,由上向下投影;向 V 面作投影时,由前向后投影;向 W 面作投影时,由左向右投影。在 H 面形成的投影图称为水平投影图,简称水平投影;在 V 面形成的投影图称为正立面投影图,简称正立面投影;在 W 面形成的投影图称为侧立面投影图,简称侧立面投影。

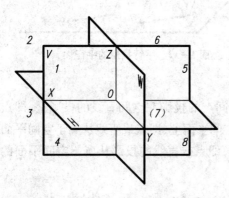

图 1 – 14　三面投影体系的建立

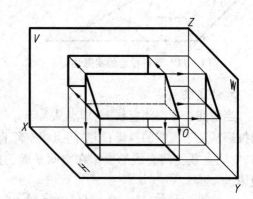

图 1 – 15　形体在第 1 分角的投影

图 1 – 15 中三个投影面上形成的投影图仍然处于立体空间中,为了将三个投影从空间向平面转化,必须将形成投影之后的三个投影面展开到同一个平面内。三个投影面展开时遵循如下规定:V 面固定不动,H 面绕 OX 轴向下旋转 90°,W 面绕 OZ 轴向右旋转 90°;使 H 面和 W 面带着相应的投影旋转到和 V 面处于同一个平面内。需要注意的是,H 面和 W 面的交线是 OY 轴,OY 轴分别随着 H 面和 W 面旋转,分别得到 OY_H 轴和 OY_W 轴,如图 1 – 16 所示。三个投影面展开后,得到三面正投影体系,如图 1 – 17 所示。

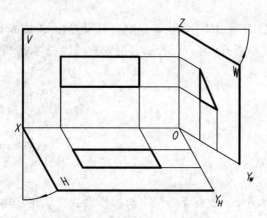

图 1 – 16　展开三面投影体系的示意

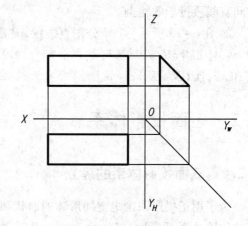

图 1 – 17　三面投影展开图

1.2.2　三面投影的关系

在如上建立的三面投影体系中,沿 OX 轴方向度量的尺寸是形体的长,沿 OY 轴方向度量的尺寸是形体的宽,沿 OZ 轴方向度量的尺寸是形体的高。由于 V 面投影和 H 面投影同时反映了形体的长,展开后形体的 V 面投影和 H 面投影的长保持相等,即二者投影保持"长对正";由于 V 面投影和 W 面投影同时反映了形体的高,展开后形体的 V 面投影和 W 面投影的高保持相等,即二者投影保持"高平齐";由于 H 面投影和 W 面投影同时反映了形体的宽,展开后形体的 H 面投影和 W 面投影的宽保持相等,即二者投影保持"宽相等",见图 1 – 18。

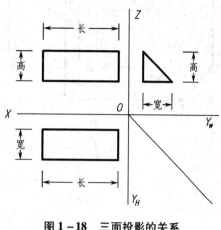

图 1 – 18　三面投影的关系

1.3　点的投影

点是组成线、面、体的最基本的要素。研究点的投影及其规律是研究线、面、体等投影的基础。

1.3.1　点的三面投影

1. 投影原理及过程

将空间点按照正投影法向相互垂直的水平投影面、正立投影面和侧立投影面作投影,即过空间点分别向三投影面作垂线,垂线与三投影面的交点分别为空间点在三个投影面的投影。

如图 1 – 19(a)所示,作空间点 A 在 H 面、V 面和 W 面的投影,可以过空间点 A 分别作 H 面、V 面和 W 面的垂线,垂足 a、a' 和 a'' 即分别是 A 点在 H 面、V 面和 W 面的投影。

2. 投影体系展开及投影图

图 1 – 19(a)是空间点在 H 面、V 面和 W 面投影的立体图,为了形成投影图,需要将立体图展开到同一平面上,形成展开图。展开规则如前文所述,展开后的形态如图 1 – 19(b)所示。为了简化绘图,展开图中的投影面边界外框线可以不画,各投影图标识可以省略,如图 1 – 19(c)所示,这样的图称为投影图。连接投影 a 和 a'、a' 和 a''、a 和 a'' 的直线段绘制成细线,这样的细线称为投影连线。

3. 投影规律

(1)空间点的任意两面投影的投影连线与对应的投影轴垂直。如图 1 – 19(c)所示,$aa' \perp OX$,$a'a'' \perp OZ$,$aa_y \perp OY_H$,$a''a_y \perp OY_W$。

(2)空间点的 H 面投影到 OX 投影轴的距离反映空间点到 V 面的空间距离,为该点的 Y 坐标值,如图 1 – 19(a)所示,即 $aa_x = a''a_z = Aa'$;空间点的 V 面投影到 OZ 投影轴的距离反

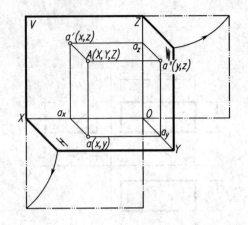 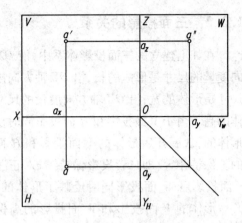

（a）立体图　　　　　　　　　　　　　　　　（b）展开图

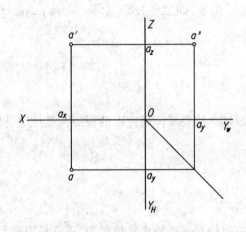

（c）投影图

图 1-19　点的三面投影

映空间点到 W 面的空间距离,为该点的 X 坐标值,即 $a'a_z = aa_y = Aa''$;空间点的 W 面投影到 OY 投影轴的距离反映空间点到 H 面的空间距离,为该点的 Z 坐标值,即 $a''a_y = a'a_x = Aa$。

　　作投影图时,为了保证 $aa_x = a''a_z$,可以用分规截取距离,还可以作 $\angle Y_H O Y_W$ 的 45°角平分线作为辅助线,如图 1-19(c)所示。

　　4. 书写规定

　　作投影图时,书写一般规定如下:表示空间点时采用大写的字母表达,比如 A、B、C、D 等;表示空间点的水平投影时采用相应的小写字母表达,比如 a、b、c、d 等;表示空间点的正立面投影时采用相应的小写字母加一撇表达,比如 a'、b'、c'、d' 等;表示空间点的侧立面投影时采用相应的小写字母加两撇表达,比如 a''、b''、c''、d'' 等。

1.3.2　点的两面投影

　　1. 投影原理及过程

　　将空间点按照正投影法向相互垂直的水平投影面和正立投影面作投影,即过空间点分别向两投影面作垂线,垂线与两投影面的交点分别为空间点在两个投影面的投影。

如图 1-20(a)所示,过空间点 A 分别作 H 面和 V 面的垂线,垂足 a 和 a′即分别是 A 点在 H 面和 V 面的投影。

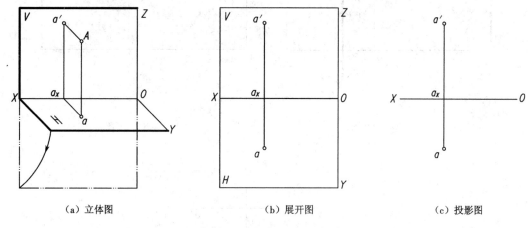

（a）立体图　　　　　　　　　（b）展开图　　　　　　　　　（c）投影图

图 1-20　点的两面投影

2. 投影体系展开及投影图

图 1-20(a)是空间点在 H 面和 V 面投影的立体图,与处理点的三面投影相类似,通过旋转水平投影面,可展开形成投影图,形成过程如图 1-20 所示。

3. 投影规律

(1)空间点的两面投影的投影连线与投影轴垂直,如图 1-20(c)所示,$aa′\perp OX$。

(2)空间点的 H 面投影到投影轴的距离反映空间点到 V 面的空间距离,如图 1-20(a)所示,即 $aa_x = Aa′$;空间点的 V 面投影到投影轴的距离反映空间点到 H 面的空间距离,即 $a′a_x = Aa$。

空间点在一个投影面中的投影只能反映空间点的两个坐标。如图 1-21 所示,A 点在水平面中的投影只能确定 A 点的 (x,y) 坐标,因此不能确定空间点的空间位置。空间点在两面投影体系中的投影包含了空间点位置的三个坐标值。如图 1-20 所示,A 点的 H 面投影 $a(x,y)$ 和 V 面投影 $a′(x,z)$,两个坐标对中包含了空间点 A 的 (x,y,z) 三个坐标值,因此可以确定 A 点的空间位置。

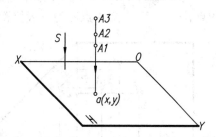

图 1-21　单面投影无法确定点的空间位置

两面投影可以确定空间点的空间位置,但是正如前文中图 1-4(b)所示,两面投影并不能确定空间形体的形状和大小,这一点需要读者注意。

除了可以由水平投影面和正立投影面组成两面投影体系外,两面投影体系还可以由正立投影面和侧立投影面组成,形成过程如图 1-22 所示,相应的投影规律读者可自行分析。

1.3.3　各种位置点的投影特征

根据空间点与投影面及投影轴的相对位置不同,空间点可分为一般位置点、投影面上的

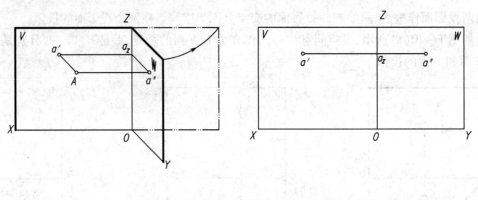

（a）立体图　　　　　　　　　　　（b）展开图

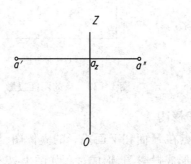

（c）投影图

图 1-22　V 面和 W 面组成的两面投影体系

点和投影轴上的点。

1. 一般位置点

一般位置点是指位于八个分角中任一分角内的空间点，一般情况下只研究第 1 分角内的点，图 1-23 中的 A 点即为一般位置点。

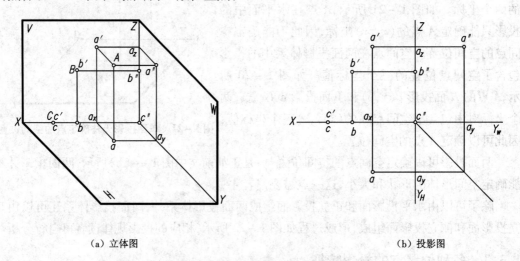

（a）立体图　　　　　　　　　　　（b）投影图

图 1-23　各种位置点的投影特征

2. 投影面上的点

投影面上的点是指位于某个投影面内的空间点,该点在该投影面的投影是其本身,在另外两个投影面上的投影位于相应的坐标轴上。图 1-23 中的 B 点即为正立投影面上的点。

3. 投影轴上的点

投影轴上的点是指位于某个投影轴上的空间点,投影轴上的点在共有该投影轴的两个投影面上的投影都是其本身,在另外一个投影面上的投影为三个投影轴的交点,即原点。图 1-23 中的 C 点即为 OX 投影轴上的点。

例 1.1　已知空间点 A 的正面投影 a' 和侧面投影 a'',如图 1-24(a)所示,求作空间点 A 的水平投影。

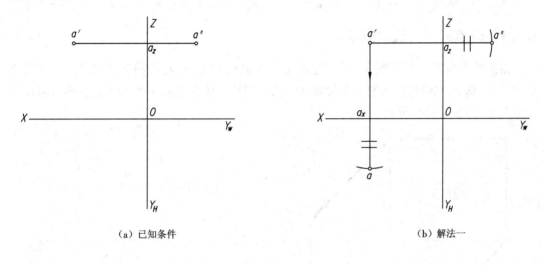

(a) 已知条件　　　　　　　　　　　　(b) 解法一

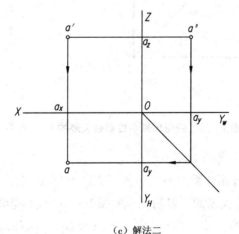

(c) 解法二

图 1-24　求点 A 的第三面投影

解题分析

因为空间点 A 的两面投影已知,空间点 A 的空间位置唯一,所以空间点 A 的第三面投影唯一,并且可以根据点的投影规律作图,有两种作图方法。

作图过程

解法一:

(1)过点 A 的正面投影 a' 作 OX 轴的垂线,与 OX 轴交于 a_x;

（2）以 a_z 为圆心，截取 $a_z a''$ 的长度；

（3）以 a_x 为圆心，$a_z a''$ 为半径画弧，与 $a' a_x$ 的延长线相交，交点即为空间点 A 的水平投影 a，如图 1-24(b) 所示。

解法二：

（1）过点 A 的正面投影 a' 作 OX 轴的垂线，与 OX 轴交于 a_x；

（2）作 $\angle Y_H O Y_W$ 的 45° 角平分线，作为辅助线；

（3）过空间点 A 的侧面投影 a'' 作 OY_W 轴的垂线并延长，与 45° 辅助线相交，过该交点作 OY_H 轴的垂线并延长，与 $a' a_x$ 的延长线相交，交点即为空间点 A 的水平投影 a。

该作图方法通过作 45° 辅助线保证 $a_z a''$ 的长度等于 $a_x a$ 的长度，如图 1-24(c) 所示。

1.3.4　两点的相对位置关系

点的相对位置关系是指空间点在空间上相互之间的上下、左右和前后关系。在三面投影体系中 OZ 轴方向可以体现上下关系，OX 轴方向可以体现左右关系，OY 轴方向可以体现前后关系，如图 1-25 所示。

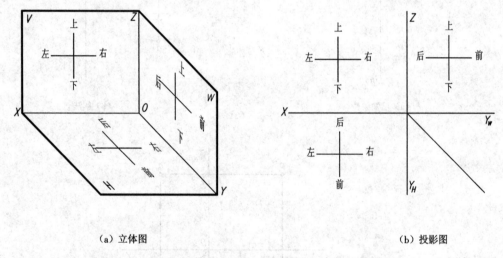

（a）立体图　　　　　　　　　　　　　　　（b）投影图

图 1-25　投影体系中投影轴反映的上下、左右、前后关系

两点的相对位置关系有如下三种情况。

（1）空间两点到投影体系中的三个投影面的空间距离分别对应不等，这种位置关系最为常见，属于两点位置关系的一般情况。如图 1-26 所示，空间点 A 相对于空间点 B 的位置如下：a_z 大于 b_z，A 点在 B 点上面；a_x 小于 b_x，A 点在 B 点右面；a_y 小于 b_y，A 点在 B 点后面。

（2）空间两点到投影体系中的某一个投影面的距离相等，属于两点位置关系的特殊情况之一。如图 1-27 所示，空间点 A 相对于空间点 B 的位置如下：a_z 大于 b_z，A 点在 B 点上面；a_x 小于 b_x，A 点在 B 点右面；a_y 等于 b_y，A 点与 B 点到 V 面的空间距离相等，前后位置一致。

（3）空间两点到投影体系中的某两个投影面的距离相等，属于两点位置关系的特殊情况之二。如图 1-28 所示，空间点 A 相对于空间点 B 的位置如下：a_z 等于 b_z，A 点与 B 点到 H 面的距离相等，高低位置一致；a_x 小于 b_x，A 点在 B 点右面；a_y 等于 b_y，A 点与 B 点到 V 面

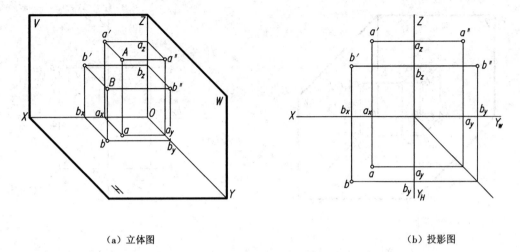

（a）立体图　　　　　　　　　　　　　（b）投影图

图 1 - 26　两点位置关系的一般情况

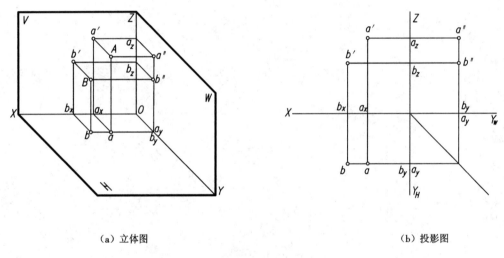

（a）立体图　　　　　　　　　　　　　（b）投影图

图 1 - 27　两点位置关系的特殊情况之一

的空间距离相等,前后位置一致。

　　对于上述第三种情况,空间两点处于投影体系中某个投影面的同一条投射线上,二者在该投影面上的投影重合,空间中这样的两点称为该投影面的重影点。如图 1 - 28 所示,空间 B 点在空间 A 点的正左方,二者位于侧立投影面的同一条投射线上,侧面投影重影,这两点称为侧立投影面的重影点。

　　重影点在向重影的投影面投影时,存在相互遮挡的关系,因此可见性需要判断。如图 1 - 28 所示,将空间点 A 和空间点 B 向 W 面作投影时,B 点挡住了 A 点,B 点可见,A 点不可见。重影点的可见性还可以根据空间点到重影投影面的距离判断,距离大的可见,距离小的不可见,图 1 - 28 中 b_x 大于 a_x,因此 B 点可见,A 点不可见。

　　重影点可见性的书写规定如下:可见点的投影写在前面,不可见点的投影写在后面并且用小括号括起来,如图 1 - 28 所示。

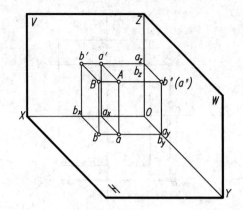

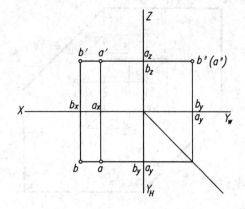

（a）立体图　　　　　　　　　　　　　　　　　　（b）投影图

图 1-28　两点位置关系的特殊情况之二

第2章　直线和平面的投影

2.1　直线的投影表达

本书中所述直线一般指线段。

一般情况下,直线的投影仍然为直线。两点确定一条直线,只要绘出直线上任意两点的投影,连接其同面投影(一个投影面上的投影)即为直线的投影。如图2-1所示,图2-1(a)为 A、B 两点的投影,图2-1(b)为直线 AB 的投影,图2-1(c)为直线 AB 投影的立体图。

直线与其在各投影面上投影的夹角称为直线与投影面的夹角。直线与 H 面、V 面、W 面的夹角分别用 α、β、γ 表示,如图2-1(c)所示。

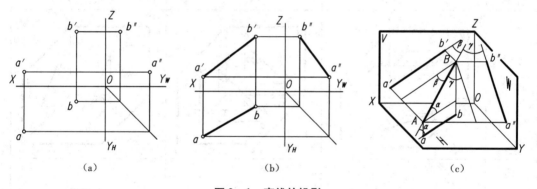

图 2 - 1　直线的投影

2.2　各种位置直线的投影

2.2.1　直线对一个投影面的投影特性

相对于一个投影面,直线有三种形式,即垂直线、平行线、倾斜线。如图2-2所示,图2-2(a)表示直线 AB 垂直于投影面,为垂直线,投影积聚为一点;图2-2(b)表示直线 AB 平行于投影面,为平行线,投影反映实长,$ab = AB$;图2-2(c)表示直线 AB 与投影面倾斜,为倾斜线,投影长度小于实际长度,$ab < AB$。

2.2.2　直线对三个投影面的投影特性

在三个投影面体系中,直线分为三大类七种情况,即投影面的平行线(水平线、正平线、侧平线)、投影面的垂直线(铅垂线、正垂线、侧垂线)和一般位置直线。

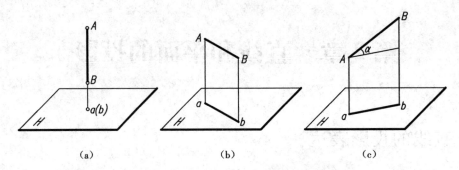

（a）　　　　　　　　　（b）　　　　　　　　　（c）

图 2 – 2　直线对一个投影面的投影

1. 投影面的平行线

投影面的平行线有三种情况，即平行于 H 面的直线，称为水平线；平行于 V 面的直线，称为正平线；平行于 W 面的直线，称为侧平线。其投影特性如表 2 – 1 所示。

表 2 – 1　投影面平行线的投影特性

名称	水平线（//H）	正平线（//V）	侧平线（//W）
立体图			
投影图			
投影特点	H 面：$ab = AB$，反映 β、γ 角 V 面：$a'b'$ // OX，$a'b' < AB$ W 面：$a''b''$ // OY_W，$a''b'' < AB$	H 面：ab // OX，$ab < AB$ V 面：$a'b' = AB$，反映 α、γ 角 W 面：$a''b''$ // OZ，$a''b'' < AB$	H 面：ab // OY_H，$ab < AB$ V 面：$a'b'$ // OZ，$a'b' < AB$ W 面：$a''b'' = AB$，反映 α、β 角

2. 投影面的垂直线

投影面的垂直线也有三种情况，即垂直于 H 面的直线，称为铅垂线；垂直于 V 面的直线，称为正垂线；垂直于 W 面的直线，称为侧垂线。其投影特性如表 2 – 2 所示。

表 2-2　投影面垂直线的投影特性

名称	铅垂线（⊥H）	正垂线（⊥V）	侧垂线（⊥W）
立体图	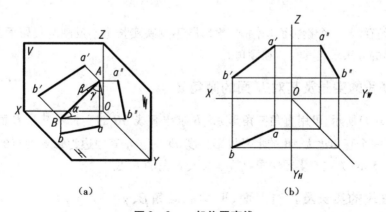		
投影图			
投影特点	H 面：投影积聚为一点 $a(b)$ V 面：$a'b' /\!/ OZ$，$a'b' = AB$ W 面：$a''b'' /\!/ OZ$，$a''b'' = AB$	H 面：$ab /\!/ OY_H$，$ab = AB$ V 面：投影积聚为一点 $a'(b')$ W 面：$a''b'' /\!/ OY_W$，$a''b'' = AB$	H 面：$ab /\!/ OX$，$ab = AB$ V 面：$a'b' /\!/ OX$，$a'b' = AB$ W 面：投影积聚为一点 $a''(b'')$

3. 一般位置直线

不平行也不垂直于任何一个投影面的直线，称为一般位置直线，如图 2-3 所示。一般位置直线的投影特性：三个投影面上的投影均与投影轴倾斜，投影不反映实长，也不反映倾角。

（a）　　　　　　　　　　　　　（b）

图 2-3　一般位置直线

例 2.1　试指出三棱锥各棱线相对于投影面为何种位置直线，如图 2-4 所示。

解题分析

根据直线的投影特性可知，SA、SC 两条直线的三个投影都倾斜于投影轴，说明这两条直

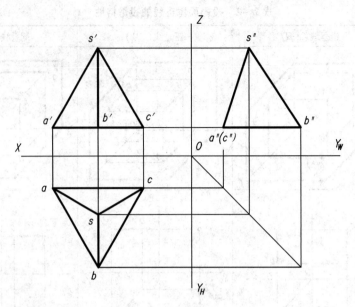

图 2 - 4　三棱锥的投影图

线为一般位置直线。

　　直线 SB 的 H 面、V 面投影与对应的投影轴平行,W 面投影与投影轴倾斜,说明 SB 直线为侧平线。

　　AB、BC 两条直线在 V 面和 W 面的投影与对应的投影轴平行,H 面投影与投影轴倾斜,说明这两条直线为水平线。

　　AC 在 V 面和 H 面的投影与对应的投影轴垂直,在 W 面的投影积聚为一点,说明 AC 直线为侧垂线。

2.3　线段的实长及倾角

　　一般位置直线与三个投影面均倾斜,投影既不反映实长也不反映与投影面的倾角。可用直角三角形的方法求出其实长和倾角。

2.3.1　求线段的实长及其对 H 面的倾角 α

　　如图 2 - 5(a)所示,可用直角三角形 AB_1B 求出直线 AB 的实长及其与 H 面的倾角 α。在 $\triangle AB_1B$ 中,一个直角边为 AB 的水平投影长度 ab,另一个直角边为 A、B 两点的 Z 坐标差,即 ΔZ。图 2 - 5(b)为在投影图中求直线实长及 α 角的方法。

2.3.2　求线段的实长及其对 V 面、W 面的倾角 β、γ

　　如图 2 - 6(a)所示,求实长及 β 角可用直角三角形 AA_1B;求实长及 γ 角可用直角三角形 AA_0B。图 2 - 6(b)则为在投影图中求实长及倾角 β、γ 的方法。

　　直角三角形的四个要素:直线的实长、与投影面的倾角、在投影面的投影长度、坐标差。在四个要素中如果有两个要素已知,即可求出另外两个要素,如图 2 - 7 所示。

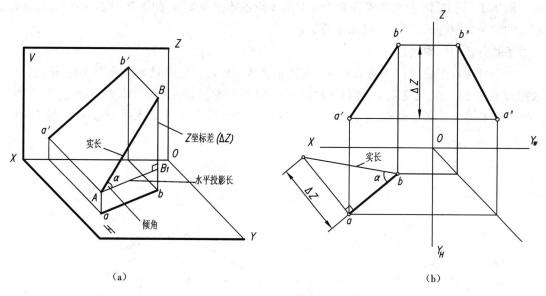

图 2-5　求一般位置直线实长及倾角 α

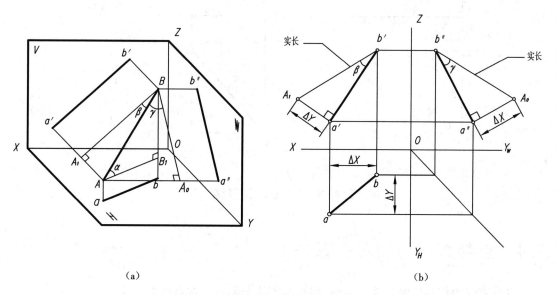

图 2-6　求一般位置直线实长及倾角 β、γ

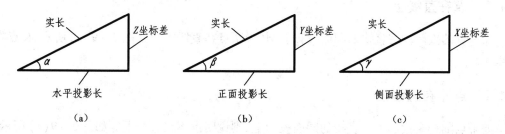

图 2-7　直角三角形四要素

例 2.2 已知 AB 直线的 V 面投影 $a'b'$ 及 A 点的水平投影 a,如图 2 – 8(a)所示,且 AB 直线的实长为 30 mm,求 B 点的水平投影。

解题分析和作图过程

本题有两种解法:(1)可用 ΔZ 和实长画出直角三角形,求 AB 的水平投影长度 ab,从而求出 B 点的水平投影,见图 2 – 8(b)解法一;(2)另一种方法是利用 AB 的 V 面投影长度 $a'b'$ 和实长画出直角三角形,从而求出 ΔY,然后在 H 面画出 B 点的水平投影 b,见图 2 – 8(b)解法二。

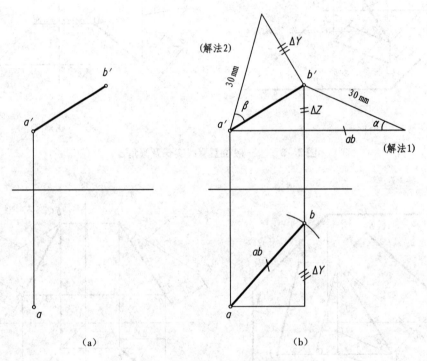

(a)	(b)

图 2 – 8　求 B 点的水平投影

2.4　点与直线的相对位置关系

点与直线的相对位置关系有两种,即点在直线上和点不在直线上。

2.4.1　点在直线上

如果点的投影均在直线的同面投影上,则说明点在直线上。如图 2 – 9(a)所示,K 点在直线 AB 上。

2.4.2　点不在直线上

如果点的一个投影不在直线的同面投影上,则说明点不在直线上。如图 2 – 9(a)所示,点 M 不在直线 AB 上。图 2 – 9(b)表示了 K、M 两点的空间位置。

例 2.3　如图 2 – 10(a)所示,判断 K、M 点是否在直线 AB 上。

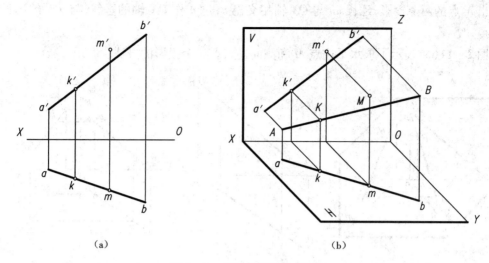

图 2 - 9　点与直线的相对位置

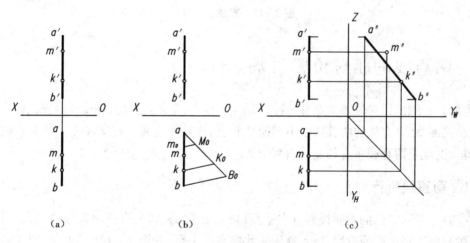

图 2 - 10　判断点是否在直线上

解题分析和作图过程

可以用两种方法判断 K、M 点是否在直线 AB 上，一种方法如图 2 - 10(b)所示，利用定比定理可知 K 点在 AB 上，M 点不在 AB 上；另一种方法是求出第三投影，如图 2 - 10(c)所示，可以得出相同的答案。

2.5　直线的迹点

直线与投影面的交点称为直线的迹点，其中与 H 面的交点称为水平迹点，与 V 面的交点称为正面迹点，与 W 面的交点称为侧面迹点。

图 2 - 11(a)表示了水平迹点 M 和正面迹点 N 的空间位置及它们的三个投影；图 2 - 11(b)为在投影图中求水平迹点和正面迹点的方法，因为水平迹点 M 在 H 面上，所以 m' 肯定在 OX 轴上，又因为 M 点在 AB 直线的延长线上，所以 m' 又肯定在 $a'b'$ 的延长线上，所以延长 $b'a'$ 与 OX 轴相交，交点即为 m'。过 m' 作 OX 轴的垂线，与 ba 的延长线相交，即为 m。同

理求出 N 点的两个投影,延长 ab 与 OX 轴相交得 n,过 n 作 OX 轴的垂线,与 $a'b'$ 的延长线相交得 n'。

图2-11(c)表示了求水平迹点 M 和侧面迹点 S 三个投影的方法。

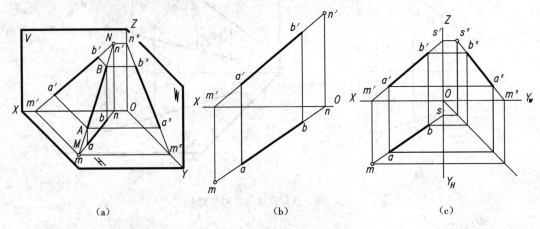

图2-11　直线的迹点

2.6　两直线的相对位置关系

空间两直线的相对位置关系有三种,即平行、相交、交叉。平行、相交的两直线在一个平面上,称共面直线;交叉的两直线在不同的平面上,称异面直线。相交和交叉的两直线有一种特殊情况就是两直线垂直相交或垂直交叉。

2.6.1　两直线平行

两直线平行,它们的同面投影肯定平行(除特殊情况,如重合或积聚为两点)。对于一般位置直线,有两个同面投影平行,就说明此两直线平行,如图2-12(a)所示;对于特殊位置直线,有时只有两个同面投影平行,还不能说明两直线肯定平行,如图2-12(b)所示 AB、CD 均为侧平线,H 面和 V 面投影平行,作出 W 面投影后,发现 AB 和 CD 并不平行。

2.6.2　两直线相交

两直线相交,它们的同面投影肯定相交,且交点的投影符合点的投影规律。如图2-13(a)所示,AB 和 CD 两直线相交于 K 点,它们在 H 面、V 面投影的交点肯定为 K 点的两投影 k、k'。从图2-13(b)可以看出,交点 K 的两个投影 k、k' 连线肯定与 OX 轴垂直。

2.6.3　两直线交叉

交叉两直线的投影一般也相交,但交点不符合一点投影规律。如图2-14(b)所示,投影的交点为两条直线上两个点的重影。图2-14(a)表示了 AB、CD 两交叉直线的空间位置及重影点的投影。

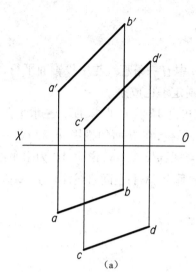
（a）

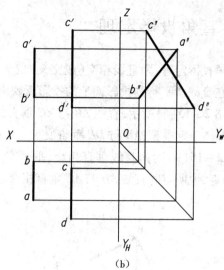
（b）

图 2 - 12　两直线平行

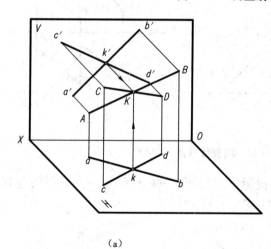
（a）

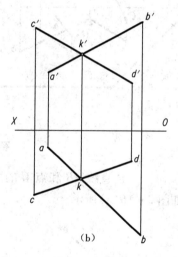
（b）

图 2 - 13　两直线相交

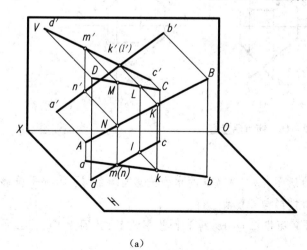
（a）

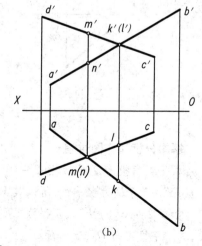
（b）

图 2 - 14　两直线交叉

2.7　直角投影定理

直角投影定理:两直线相交(或交叉)成直角,若其中有一条直线与一投影面平行,则此直角仅在直线所平行的投影面上的投影反映直角,其逆定理也成立。

如图 2 - 15(a)所示,直线 AB 与 AC 垂直相交,又知道 AB 为水平线,那么在水平面的投影 ab 和 ac 一定垂直;AB 与 DE 垂直交叉,因 AB 为水平线,在 H 面的投影 ab 和 de 一定垂直。图 2 - 15(b)为两直线垂直相交、垂直交叉的投影图,a'b' // OX,说明 AB 为水平线;ab 与 ac 垂直,说明空间直线 AB 与 AC 垂直相交;ab 与 de 垂直,说明空间直线 AB 与 DE 垂直交叉。

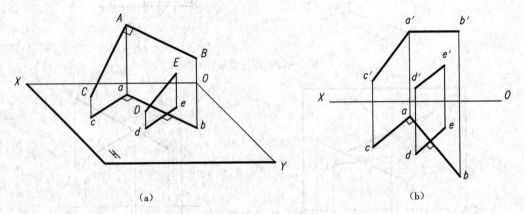

(a)　　　　　　　　　　　(b)

图 2 - 15　两直线垂直

例 2.4　已经直线 AB 和点 C 的两投影,过 C 点作一条水平线、一条正平线与直线 AB 垂直,如图 2 - 16(a)所示。

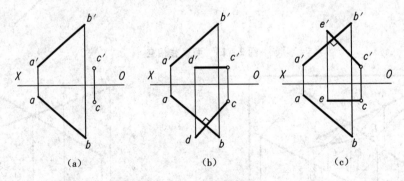

(a)　　　　　　(b)　　　　　　(c)

图 2 - 16　两直线垂直

解题分析和作图过程

根据直角投影定理,如图 2 - 16(b)所示,水平线 CD 的水平投影与直线 AB 的水平投影垂直,又因为 CD 为水平线,所以其 V 面投影与 OX 轴平行。

如图 2 - 16(c)所示,正平线 CE 的 V 面投影与 AB 的 V 面投影垂直,又因为 CE 为正平线,其水平投影与 OX 轴平行。

2.8　平面的投影表达

2.8.1　平面的几何元素表达方法

（1）一个平面可以用不在一条直线上的三个点表示,如图 2 – 17(a)所示。

（2）一个平面可以用一条直线和直线外的一个点表示,如图 2 – 17(b)所示。

（3）一个平面可以用两条相交直线表示,如图 2 – 17(c)所示。

（4）一个平面可以用两条平行直线表示,如图 2 – 17(d)所示。

（5）一个平面可以用平面几何图形表示,如图 2 – 17(e)所示,用一个平面三角形表示平面。

以上几种表示方法,虽表达形式不同,但可以互相转化。

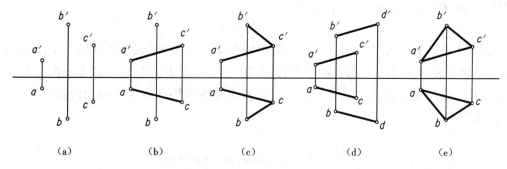

图 2 – 17　平面的几何元素表示法

2.8.2　平面的迹线表达方法

与直线的迹点类似,平面也有迹线。平面与三个投影面的交线称为平面的迹线。与 H 面的交线称为 H 面(水平)迹线;与 V 面的交线称为 V 面(正面)迹线;与 W 面(侧面)迹线,如图 2 – 18(a)所示。一般位置平面 P 的水平迹线用 P_H 表示,正面迹线用 P_V 表示,侧面迹线用 P_W 表示;图 2 – 18(b)为 P 平面的迹线在投影图中的表达方法。

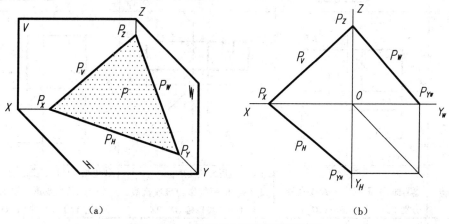

（a）　　　　　　　　　　　　　　　　　（b）

图 2 – 18　一般位置平面的迹线表示法

图2-19列出了各种特殊位置平面的迹线表示法。图2-19(a)为正垂面,图2-19(b)为铅垂面,图2-19(c)为侧垂面,图2-19(d)为正平面,图2-19(e)为水平面,图2-19(f)为侧平面。

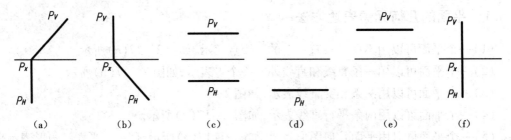

图2-19　各种特殊位置平面的迹线表示法

2.9　各种位置平面的投影

在三个投影面体系中,平面分为三大类七种平面:一类是投影面的平行面,包括水平面、正平面、侧平面;另一类是投影面的垂直面,也有三种,分别为铅垂面、正垂面、侧垂面;还有一类就是一般位置平面。投影面平行面和垂直面统称为特殊位置平面,其投影特性见表2-3、表2-4。

表2-3　投影面平行面的投影特性

名称	水平面	正平面	侧平面
立体图			
投影图			
投影特点	①H面投影反映实形; ②V面、W面投影积聚成直线,分别平行于投影轴OX、OY_W	①V面投影反映实形; ②H面、W面投影积聚成直线,分别平行于投影轴OX、OZ	①W面投影反映实形; ②V面、H面投影积聚成直线,分别平行于投影轴OZ、OY_H

表 2 - 4　投影面垂直面的投影特性

名称	铅垂面	正垂面	侧垂面
立体图	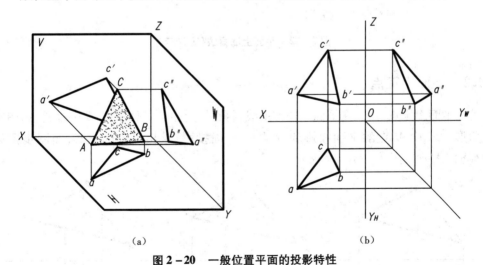		
投影图			
投影特点	①H 面投影积聚成直线,反映与 V 面、W 面的夹角; ②V、W 面投影为类似形	①V 面投影积聚成直线,反映与 H 面、W 面的夹角; ②H、W 面投影为类似形	①W 面投影积聚成直线,反映与 H 面、V 面的夹角; ②V、H 面投影为类似形

一般位置平面与三个投影面均倾斜,三个投影均为类似形,如图 2 - 20 所示。

（a）　　　　　　　　　　　　　　　　　（b）

图 2 - 20　一般位置平面的投影特性

2.10　平面上定直线和点

2.10.1　平面上定直线

如果一直线通过平面上两点,则此直线必在此平面上;如果一直线通过平面上一点,并且平行于平面上一条直线,则此直线必在此平面上,如图 2-21、图 2-22 所示。

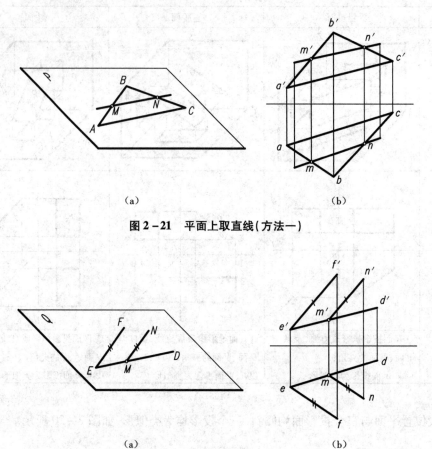

（a）　　　　　　　　　　　　（b）

图 2-21　平面上取直线（方法一）

（a）　　　　　　　　　　　　（b）

图 2-22　平面上取直线（方法二）

2.10.2　平面上定点

　　若在平面上定点,需先在平面上作辅助线,再在线上定点。如图 2-23（a）所示,图中给出三角形 ABC 内 M 点的 V 面投影和 N 点的 H 面投影,求出另外的投影,作图步骤见图 2-23（b）（求 m）、图 2-23（c）（求 n'）。

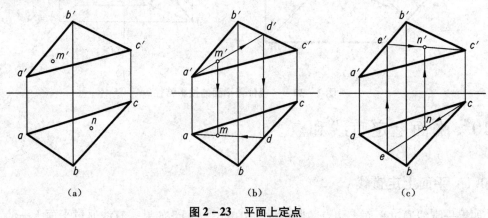

（a）　　　　　　　　　（b）　　　　　　　　　（c）

图 2-23　平面上定点

例 2.5　已知平面四边形 *ABCD* 的 *H* 面投影 *abcd* 和 *ABC* 的 *V* 面投影 *a′b′c′*,试完成其 *V* 面投影,如图 2–24(a)所示。

解题分析

A、*B*、*C* 三点确定一平面,它们的 *V*、*H* 面投影已知。因此完成平面四边形的 *V* 面投影问题,实际上是已知 *ABC* 平面上 *D* 点的 *H* 面投影 *d*,求其 *V* 面投影 *d′* 的问题。

作图过程

(1)连接 *a*、*c* 和 *a′*、*c′*,得辅助线 *AC* 的两投影。

(2)连接 *b*、*d* 交 *ac* 于 *e*。

(3)由 *e* 在 *a′c′* 上求出 *e′*。

(4)连接 *b′*、*e′*,在 *b′e′* 的延长线上求出 *d′*。

(5)连接 *c′*、*d′*、*a′*,即为所求,如图 2–24(b)所示。

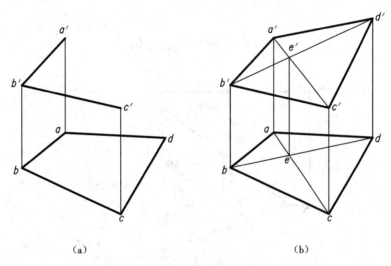

(a)　　　　　　　　　　　(b)

图 2–24　完成平面四边形的投影

2.11　平面上的特殊位置直线

2.11.1　平面上投影面的平行线

平面上投影面的平行线包括水平线、正平线、侧平线,如图 2–25(a)所示。图 2–25 (b)为平面 *ABC* 内水平线 *CE* 和正平线 *AD* 的投影图。

2.11.2　平面上最大坡度线

平面上有无数条直线,它们相对于投影面的倾角各不相同,其中必有一条直线相对于投影面倾角最大,该直线称为最大坡度线,也称最大斜度线,最大坡度线与平面上的平行线垂直。

如图 2–26 所示,*AD* 是 *P* 平面对 *H* 面的最大坡度线,它垂直于水平线(包括水平迹线 P_H)。*AD* 对 *H* 面的倾角即为该平面对 *H* 面的倾角,用 α 表示。

现证明在 *P* 平面上的所有直线中,*AD* 的倾角 α 最大:在 *P* 平面内过 *A* 点任意作一直线

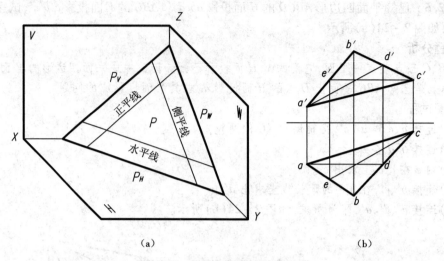

（a） （b）

图2-25 平面上投影面的平行线

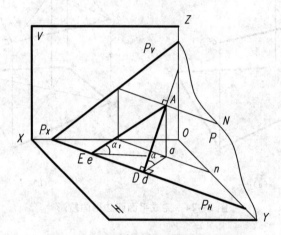

图2-26 平面内对 H 面的最大坡度线

AE，它对 H 面的倾角为 α_1，在直角 $\triangle ADa$ 中有 $\sin\alpha = Aa/AD$，在直角 $\triangle AEa$ 中有 $\sin\alpha_1 = Aa/AE$，因 $AD < AE$，故 $\alpha > \alpha_1$。

同理可知，对 V 面的最大坡度线与正平线垂直，其 β 角即为平面的 β 角；对 W 面的最大坡度线垂直于侧平线，其 γ 角即为平面的 γ 角。

2.12　直线与平面、平面与平面的相对位置关系

直线与平面、平面与平面的相对位置关系有平行、相交两种情况。在相交中有一种垂直相交的特殊情况。

2.12.1　直线与平面、平面与平面平行

1. 直线与平面平行

直线与平面平行的几何条件：如果一条直线与一平面内任何一条直线平行，则该直线与该平面平行。

如图 2 – 27 所示,已知三角形 ABC 的两投影,过平面外一点 $D(d,d')$ 作一直线与平面平行。可以先在平面内任作一直线 $CF(cf,c'f')$,然后过 D 作直线 DE 平行于直线 CF,则 DE 和平面 ABC 平行。

如图 2 – 28 所示,已知平面三角形 ABC 及直线 DE 的两投影,判断直线是否与平面平行。从图中看出平面内直线 CF 的 V 面投影与直线 DE 的 V 面投影平行,但 H 面投影不平行,说明直线与平面不平行。

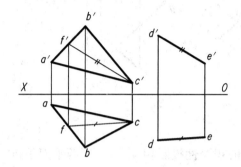

图 2 – 27　作直线与平面平行

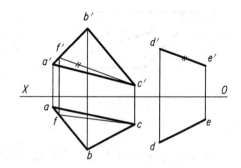

图 2 – 28　判断直线与平面是否平行

例 2.6　如图 2 – 29(a)所示,过平面内 $\triangle ABC$ 外一点 D,作一水平线 $DE /\!/ \triangle ABC$。

解题分析

$DE /\!/ \triangle ABC$,则 DE 应平行于 $\triangle ABC$ 内一直线,又因 DE 为水平线,故 DE 必平行于 $\triangle ABC$ 内的水平线。

作图过程

在 $\triangle ABC$ 内取一水平线 $BF(b'f' /\!/ OX$ 轴$)$,过 D 点作水平线 BF 的平行线 DE,即为所求,如图 2 – 29(b)所示。

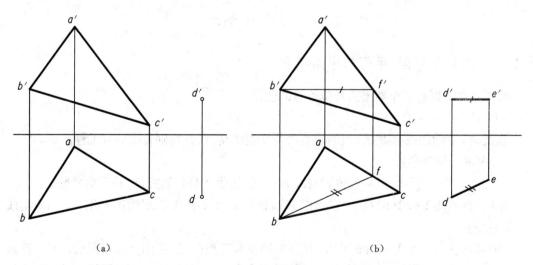

（a）　　　　　　　　　　　　（b）

图 2 – 29　过已知点作水平线平行于已知平面

2. 平面与平面平行

如果一个平面上的两相交直线对应平行于另一平面上的两相交直线,则此两平面平行。

如图 2－30(a)所示,P 平面上的 AB、CD 两相交直线对应平行于 Q 平面上的两相交直线 EF、GH,则 P、Q 两平面平行。图 2－30(b)表示了两平面上相交两直线同面投影对应平行。

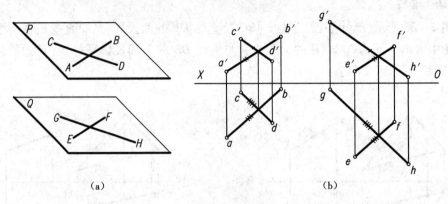

（a）　　　　　　　　　　　　　　　　（b）

图 2－30　两平面平行(一)

对于垂直于同一投影面的两平面,只要两平面的积聚性投影相互平行,则两平面平行,如图 2－31 所示,两铅垂面在 H 面的积聚性投影平行,则这两平面平行。

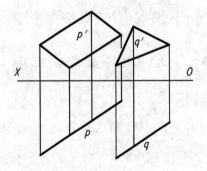

图 2－31　两平面平行(二)

2.12.2　直线与平面、平面与平面相交

1. 直线或平面有一个要素为特殊位置的情况

1)直线与平面相交

直线与平面相交需解决的问题:求直线与平面的交点,并判别直线的可见性。

Ⅰ.平面为特殊位置

如图 2－32(a)所示,求一般位置直线 EF 和铅垂面 $\triangle ABC$ 的交点,并判别可见性。

求交点:如图 2－32(b)所示,交点的 H 面投影 k 可直接求出,k' 为过 k 作 OX 轴的垂线与 $e'f'$ 的交点。

判别可见性:如图 2－32(c)所示,H 面投影没有遮挡问题,不用判断可见性。V 面投影可见性判断可用直观的方法,从 H 面投影可知,在交点 K 的右侧,直线在平面的前方,直线可见。平面不会被直线遮挡,不用判断平面的可见性。直线可见部分画实线,不可见部分画虚线。

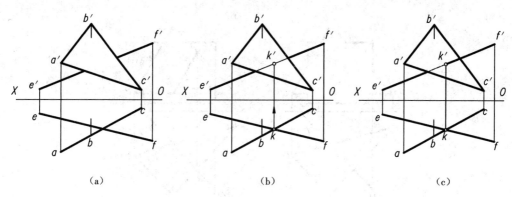

图 2-32　一般位置直线与投影面垂直面相交

Ⅱ. 直线为特殊位置

如图 2-33(a)所示,铅垂线 EF 与一般位置平面 ABC 相交,求交点并判断可见性。

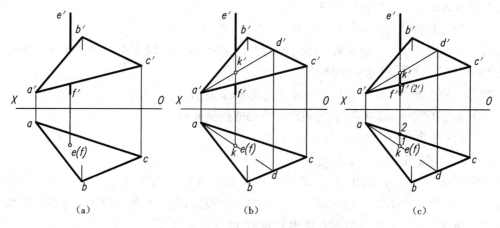

图 2-33　特殊位置直线与一般位置平面相交

如图 2-33(b)所示,交点的 H 面投影 k 与直线的 H 面积聚性投影重合;求交点的 V 面投影 k′需过 k 作辅助线 ad,求出 AD 的 V 面投影 a′d′,与 e′f′的交点即为 k′。

在此用重影点的方法判别可见性:如图 2-33(c)所示,1、2 两点分别为直线 EF 和直线 AC 上的点(AC 在平面 ABC 上),从 H 面投影可以看出,1 点在前、2 点在后,说明直线上的点在前为可见,所以此重影点附近直线可见,画实线。交点是可见不可见的分界点,交点另一侧为虚线。因直线在 H 面积聚,所以 H 面不用判别可见性。

2)平面与平面相交

图 2-34(a)所示为一铅垂面与一般位置平面相交,求交线并判断可见性。

如图 2-34(b)所示,交线的 H 面投影 mn 可以直接求得,对应求出交线的 V 面投影 m′n′。

判断可见性:如图 2-34(b)所示,H 面投影没有相互遮挡问题,不用判断可见性。V 面投影可见性判断可用直观的方法,交线右侧平面 ABC 在平面 Ⅰ Ⅱ Ⅲ Ⅳ 的前面,所以交线右侧平面 ABC 可见,平面 Ⅰ Ⅱ Ⅲ Ⅳ 不可见;交线为可见不可见的分界线,所以交线左侧平面 ABC 不可见,平面 Ⅰ Ⅱ Ⅲ Ⅳ 可见。可见的部分画实线,不可见部分画虚线。

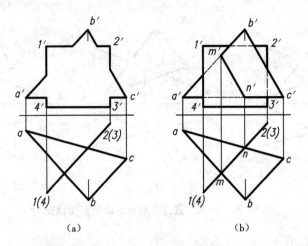

(a)　　　　　　　　(b)

图 2 - 34　特殊位置平面与一般位置平面相交

2. 两要素均为一般位置的情况

1）一般位置直线与一般位置平面相交

因一般位置直线与一般位置平面的投影均没有积聚性，所以交点的投影无法从投影图中直接得出，需采用作辅助平面的方法。

求作一般位置直线与一般位置平面交点的方法，应分三步：

（1）包括直线作一辅助平面（一般作铅垂面或正垂面）；

（2）求作辅助平面与已知平面的交线；

（3）求此交线与已知直线的交点。

如图 2 - 35（a）所示，若求直线 *EF* 与三角形 *ABC* 的交点，需先通过直线 *EF* 作一铅垂面 *P*，如图 2 - 35（b）所示，在 *H* 面投影 P_H 与 *EF* 的 *H* 面投影 *ef* 重合；然后求出 *P* 平面与三角形 *ABC* 的交线 *MN*（*mn*，*m′n′*）；最后求出 *MN* 与 *EF* 的交点 *K*（*k*，*k′*）。

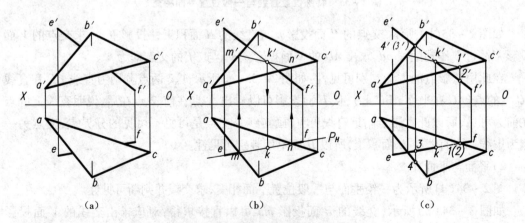

（a）　　　　　　　　（b）　　　　　　　　（c）

图 2 - 35　一般位置直线与一般位置平面相交

判别可见性：在此用重影点的方法，如图 2 - 35（c）所示。一般位置直线与一般位置平面相交，直线在 *H*、*V* 面投影都有被遮挡的问题，所以需分别判断可见性。

H 面：1、2 两点分别为 *AC* 和 *EF* 上相对于 *H* 面的重影点，从图中看出，1 点在 *AC* 上（在

平面上),在上边,2 点在 EF 上,在下边,所以此位置平面遮挡直线,k2 段直线应画为虚线。

V 面:3′、4′两点分别是 EF 和 AB 上的点相对 V 面的重影点,从图中看出,4 点在前、3 点在后,此处平面遮挡直线,k′3′直线应画为虚线。

用辅助平面方法求一般位置直线与一般位置平面交点的立体图如图 2 - 36 所示。

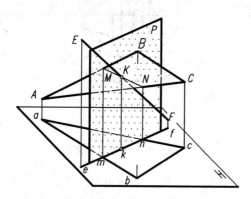

图 2 - 36　用辅助平面方法求交点的立体图

2)两一般位置平面相交

求两一般位置平面的交线,一般先求一个平面上的两条直线与另一平面的交点,将两个交点相连即为两平面的交线。

图 2 - 37 为两一般位置平面相交的立体图。图 2 - 37(a)为两平面全交,图 2 - 37(b)为两平面互交。

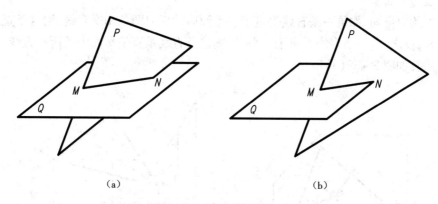

　　　　　(a)　　　　　　　　　　　　　　　　　(b)

图 2 - 37　平面与平面相交

例 2.7　如图 2 - 38(a)所示,求△ABC 与△DEF 的交线。

解题分析及作图过程

(1)求交线:如图 2 - 38(b)所示,首先过 AC 作铅垂面 P,其水平投影与 AC 的水平投影 ac 重合;然后求出 P 平面与△DEF 的交线 Ⅰ Ⅱ(12,1′2′);最后求出 Ⅰ Ⅱ 与直线 AC 的交点 N(n,n′)。同理求出直线 BC 与△DEF 的交点 M(m,m′),连接 M、N(mn,m′n′)即为△ABC 与△DEF 的交线。

(2)判别可见性:H、V 面都有平面互相遮挡的问题,需分别判断。

H 面:如图 2 - 38(c)所示,5、6 两点为 AC 和 EF 上相对于 H 面的重影点,6 点在上,5 点

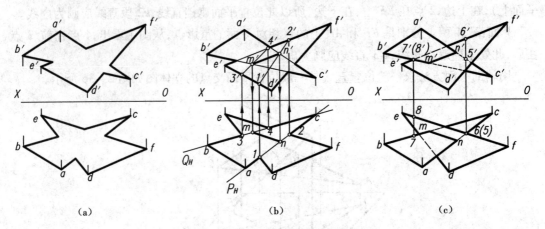

(a)　　　　　　　　(b)　　　　　　　　(c)

图 2 - 38　两一般位置平面相交

在下,此位置 △DEF 可见,△ABC 不可见。交线 MN 为可见不可见的分界线。交线的另一侧,则 △ABC 可见,△DEF 不可见。可见部分画实线,不可见部分画虚线。

　　V 面:7′、8′两点分别为 BC 和 EF 上相对于 V 面的重影点,由图可知 7 点在前、8 点在后,此位置 △ABC 可见,△DEF 不可见,交线 MN 为可见不可见分界线,交线另一侧 △DEF 可见,△ABC 不可见。可见部分画实线,不可见部分画虚线。

2.12.3　直线与平面、平面与平面垂直

1. 直线与平面垂直

　　由初等几何可知,如果一条直线垂直于一平面内的任何两条相交直线,则这条直线必和此平面垂直;反之,若一条直线垂直于一平面,则这条直线垂直于平面内的所有直线,包括水平线、正平线,如图 2 - 39(a)所示。

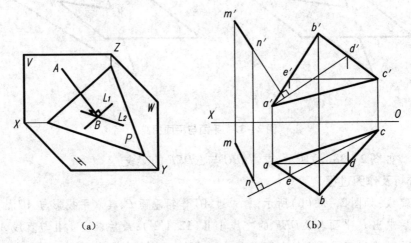

(a)　　　　　　　　　　　　　　(b)

图 2 - 39　直线与平面垂直

　　由直角投影定理可知,在投影图中,若一直线垂直于一平面内的水平线和正平线,则此直线的水平投影必垂直于平面内水平线的水平投影;此直线的正面投影必垂直于正平线的正面投影。反之,若一直线的水平投影垂直于一平面内的水平线的水平投影,此直线的正面

投影垂直于平面内正平线的正面投影,则此直线必垂直于此平面,如图 2-39(b)所示。

　　例 2.8　如图 2-40(a)所示,已知三角形 *BCD* 和平面外一点 *A* 的投影图,过 *A* 点作一直线 *AE* 垂直于三角形 *BCD*。

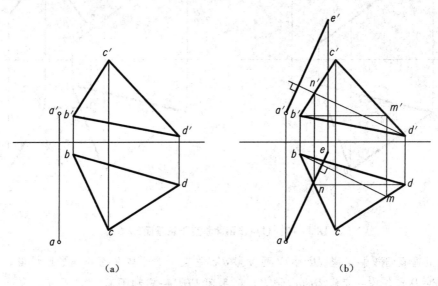

（a）　　　　　　　　　（b）

图 2-40　过 *A* 点作直线垂直于平面 *BCD*

解题分析

　　如果一条直线垂直于平面上的相交二直线,则直线垂直于该平面。因此需要先在平面上构造正平线和水平线,然后过已知点作二线的垂线,即可保证该线垂直于已知平面。

作图过程

如图 2-40(b)所示。

（1）在平面 *BCD* 中作水平线 *BM* 的投影 *bm*、*b'm'* 及正平线 *DN* 的投影 *dn*、*d'n'*;

（2）根据直角投影定理,过 *a* 作 *ae*⊥*bm*,过 *a'* 作 *a'e'*⊥*d'n'*,则 *ae*、*a'e'* 即为平面垂直线 *AE* 的两投影。

2. 平面与平面垂直

　　如果一平面通过另一平面的垂线,则这两平面互相垂直,如图 2-41 所示。*AB* 垂直于平面 *H*,则通过 *AB* 直线的所有平面,如 *P*、*Q*、*R* 平面均垂直于 *H* 面。

　　例 2.9　如图 2-42(a)所示,已知正垂面 *ABC* 及平面外一点 *D*,试过 *D* 点作一平面垂直于平面 *ABC*。

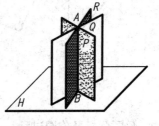

图 2-41　平面和平面垂直

解题分析

　　过 *D* 点作一直线垂直于平面 *ABC*,然后通过此直线任作一平面均与 *ABC* 垂直。

作图过程

如图 2-42(b)所示。

（1）平面 *ABC* 为正垂面,垂直于正垂面的直线一定为正平线,直线 *DE* 为正平线,*DE* 的水平投影 *de* 平行于 *OX* 轴。

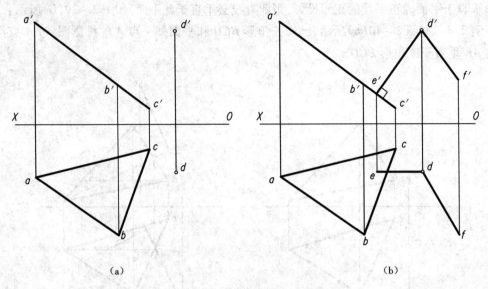

图 2-42 过点作平面垂直于正垂面 *ABC*

（2）根据直角投影定理，*DE* 的 *V* 面投影 *d'e'* 垂直于平面在 *V* 面的积聚性投影。

（3）过 *D* 点任作一直线 *DF*(*df*, *d'f'*)，则平面 *EDF* 一定和平面 *ABC* 垂直。

例 2.10 如图 2-43(a)所示，过直线 *AF* 作一平面 *AEF* 垂直于平面 *BCD*。

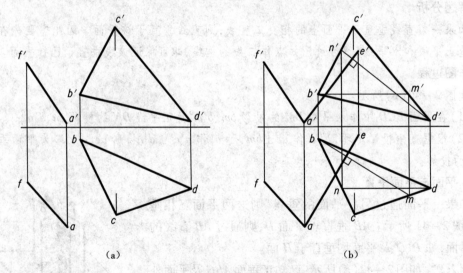

图 2-43 过直线作平面垂直于已知平面

解题分析及作图过程

如图 2-43(b)所示。

（1）在平面 *BCD* 中作水平线 *BM*(*bm*, *b'm'*)、正平线 *DN*(*dn*, *d'n'*)。

（2）过 *A* 点作直线 *AE*(*ae*, *a'e'*)垂直于平面 *BCD*，*ae* ⊥ *bm*，*a'e'* ⊥ *d'n'*，则平面 *AEF*(*aef*, *a'e'f'*)必垂直于平面 *BCD*。

第3章 立体的投影

3.1 平面立体的三面投影

由平面多边形包围而成的立体叫作平面立体。工程中最常见的平面立体为棱柱和棱锥。

绘制平面立体的投影需绘出平面立体的各棱面(线)的投影,不可见部分用虚线表示。当可见棱线与不可见棱线的投影重合时,用实线表示。

3.1.1 棱柱

棱柱由多个棱面和上、下两底面组成,棱面上各条棱线互相平行。图3-1所示为一正六棱柱,其上顶、下底面平行于H面,水平投影反映实形,正面、侧面投影积聚为一直线。六个棱面为正平面或铅垂面,水平投影积聚为直线;正平面的正面投影反映实形,侧面投影积聚成直线,铅垂面的正面、侧面投影成相仿形。

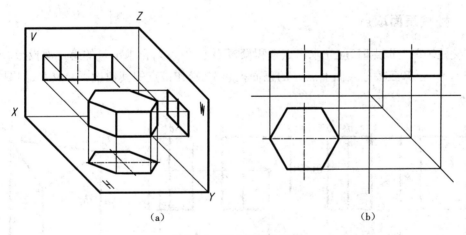

(a)   (b)

图3-1 正六棱柱的投影

3.1.2 棱锥

棱锥由几个棱面和一个底面组成,棱面上各条棱线交于一点,称为锥顶。图3-2为三棱锥的三面投影图,其底面为水平面,水平投影反映实形。SAB、SBC、SAC棱面为一般位置平面,其三面投影均为相仿形。

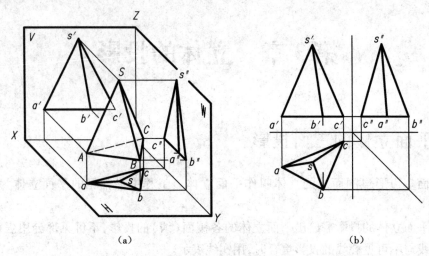

图 3 - 2　三棱锥的投影

3.2　平面立体表面取点

在平面立体表面取点的方法与在平面上取点的方法相同。需要注意的是：位于立体可见表面上的点可见，位于不可见表面上的点不可见。

3.2.1　棱柱表面取点

在棱柱表面上取点时，应先求出点在积聚棱面上的投影，再求出点的第三面投影。

例 3.1　已知三棱柱表面上点 K 的正面投影 k'，求作该点的其他投影 k 及 k''，如图 3 - 3（a）所示。

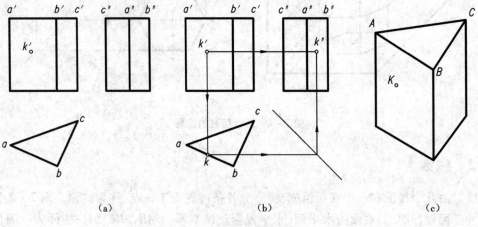

图 3 - 3　棱柱表面取点

解题分析及作图过程

棱柱的各侧棱面的水平投影有积聚性，所以应先求 k，由于 k' 为可见，所以点 K 在 AB 所在棱面上，水平投影 k 落在 AB 所在棱面的积聚性投影上；根据点的三面投影规律又可求得

k''，因为 AB 所在棱面的侧面投影可见，故 k'' 应为可见。作图过程如图 3-3(b)所示，立体图如图 3-3(c)所示。

3.2.2　棱锥表面取点

在棱锥表面取点应先取线，取线时一般将该点与锥顶相连，或过点作棱锥底面多边形某一边的平行线。

例 3.2　已知棱锥表面上点 M 的正面投影 m'，求作该点的其他投影 m 及 m''，如图 3-4(a)所示。

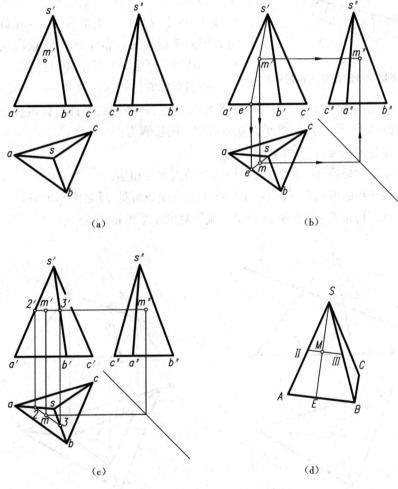

（a）　　　　　　　　　　（b）

（c）　　　　　　　　　　（d）

图 3-4　棱锥表面取点

解题分析及作图过程

因为 m' 为可见，故 M 点在 SAB 棱面上。将 M 点与锥顶相连，连接 $s'm'$ 交 $a'b'$ 于 e'，在棱锥的 H 面投影上求得 se，在其上定出 M 点的水平投影 m，再根据点的三面投影规律可求得 m''，因为 SAB 棱面的水平投影和侧面投影均为可见，故 m、m'' 为可见。作图过程如图 3-4(b)所示。

该题也可过 M 点作平行于棱锥底面三角形 AB 边的辅助线，过 m' 作水平线分别交 $s'a'$、

$s'b'$ 于 $2'$、$3'$，在棱锥的 H 面投影上求得 2、3（或求一点作 ab 平行线），在其上定出 M 点的水平投影 m，之后与第一种解法相同，求得 m'' 并判断可见性。作图过程如图 $3-4(c)$ 所示。

立体图如图 $3-4(d)$ 所示。

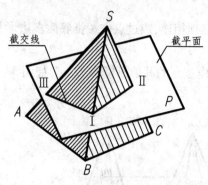

图 3-5　截切立体的截交线和截平面

3.3　平面立体的截切

立体被平面截切称为截切立体。截切立体中，平面与立体表面的交线称为截交线，该平面称为截平面，如图 $3-5$ 所示。截交线是截平面与立体的公共线，由于立体表面是封闭的，因此截交线是一个封闭的平面图形。截交线的形状取决于立体表面的形状及截平面与立体的相对位置。

平面立体截切的截交线是一个平面多边形，此多边形的各顶点是平面立体的各棱线与截平面的交点，每条边是平面立体的棱面与截平面的交线，如图 $3-5$ 所示。因此，求平面立体截交线的步骤为：

（1）求立体各棱线与截平面的交点；

（2）将各点依次相连，注意位于同一棱面上的点方可相连；

（3）判断截交线的可见性，位于可见棱面上的截交线可见，反之为不可见。

例 3.3　求三棱锥 $S-ABC$ 被正垂面 P 截切后的水平投影，如图 $3-6(a)$ 所示。

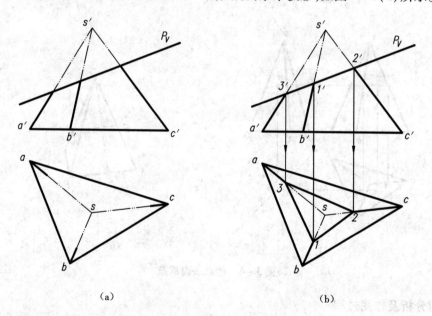

（a）　　　　　　　　　　　　　（b）

图 3-6　三棱锥被正垂面截切

解题分析及作图过程

截交线是截平面与立体的公共线，因此截交线的正面投影与正垂面 P 的积聚性投影重合。SB、SC、SA 棱线与 P 平面交点的正面投影分别为 $1'$、$2'$、$3'$，由 $1'$、$2'$、$3'$ 在 sa、sb、sc 上定出水平投影 1、2、3 点，依次连接 1、2、3 即为截交线的水平投影。因截交线均在三棱锥的侧棱面上,所以其水平投影均为可见,作图过程如图 3-6(b)所示。

例 3.4 求作五棱柱被正垂面 P 截切后的水平投影和侧面投影,如图 3-7(a)所示。

解题分析

从图 3-7(a)中可以看出,五棱柱的棱线为铅垂线,五个棱面中除后棱面是正平面外,其余四个棱面均为铅垂面,上、下底面是水平面。截平面 P 与 A、B、E 棱线及上底面的两条边相交,即截切到上底面和四个棱面,因此截交线的形状是平面五边形。

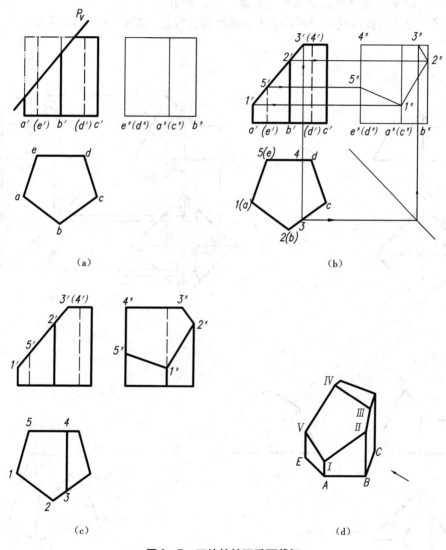

图 3-7 五棱柱被正垂面截切

因截平面是正垂面,截交线即在 P 面上,其正面投影应与 P_V 重合。AB、AE 棱面及 BC、DE 的部分棱面被截切,截交线的水平投影应与它们的积聚性投影重合。上底面与平面 P 同时垂直于 V 面,其交线应是正垂线。

作图过程

如图 3-7(b)所示。

(1)求 A、B、E 棱线与平面 P 的交点 Ⅰ、Ⅱ、Ⅴ。它们的正面及水平投影均可直接作出,侧面投影可由正面投影向右作投影,在相应棱线的投影上即可得到。

（2）求上底面与平面 P 的交线——正垂线Ⅲ Ⅳ。

（3）依次连接 1″2″3″4″5″1″，即得到截交线的侧面投影（注意 3″4″与上底面的积聚性投影重合，4″5″与 DE 棱面的积聚性投影重合）。截交线的侧面投影与水平投影是相仿形。

（4）区分可见性，检查、整理图线。截交线的水平投影和侧面投影均可见，用粗实线画出。棱柱右侧 C 棱线的侧面投影不可见，其下部与左侧 A 棱线重合，重合部分用粗实线画出，其余部分须用虚线表示，如图 3－7(c) 所示。

图 3－7(d) 是五棱柱被正垂面截切后的立体示意图。

例 3.5　求作四棱锥被截切后的水平投影和侧面投影，如图 3－8(a) 所示。

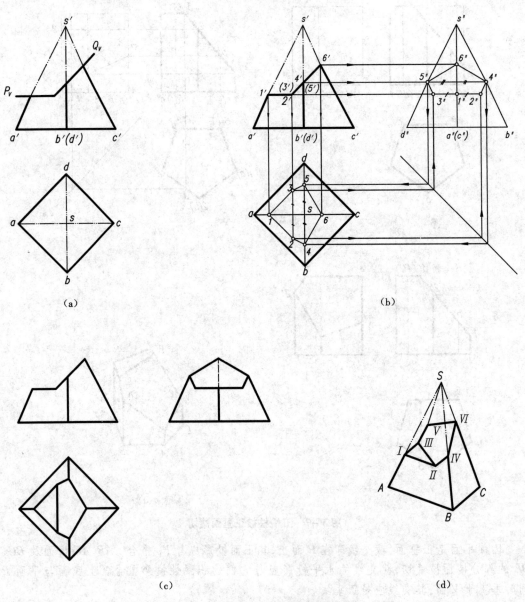

（a）　　　　　　　　　　（b）

（c）　　　　　　　　　　（d）

图 3－8　四棱锥被水平面和正垂面截切

解题分析

从图 3－8(a) 中可以看出，四棱锥是被水平面 P 和正垂面 Q 所截切。水平面 P 与 SA

棱相交且平行于底面,截交线应与 SAB、SAD 棱面的底边平行。正垂面 Q 与其他三条棱线相交,且与水平面相交于一正垂线。截交线的正面投影与 P_V、Q_V 重合。

作图过程

见图 3 - 8(b)。

(1)画出四棱锥的侧面投影(注意 $s''b''d''$ 为等腰三角形,$b''d'' = bd$)。

(2)确定 SA 棱与 P 面交点 I 的三个投影,并作 $12 /\!/ ab$、$13 /\!/ ad$,得到 P 面与棱锥截交线的水平投影 123,其侧面投影 $2''1''3'' /\!/ H$ 面,且 $2''3'' = 23$。

(3)求出 SB、SD、SC 棱与 Q 面的交点 IV、V、VI 的侧面与水平投影(注意 $45 = 4''5''$)。顺次连接 II、IV、VI、V、III 的同面投影,即得 Q 面与棱锥的截交线。

(4)作出 P、Q 两平面的交线 II III。

(5)区分可见性,检查、整理图线。因切口在左上部,所以其水平投影和侧面投影均可见,用粗实线画出。棱锥右侧棱线 SC 在侧面投影中不可见,其下部与左侧棱线 I A 重合,重合部分用粗实线画出,其余部分用虚线表示,如图 3 - 8(c)所示。

图 3 - 8(d)是四棱锥被水平面和正垂面截切后的立体示意图。

3.4　平面立体的相贯

3.4.1　直线与平面立体相交

直线与立体相交,其交点称为贯穿点。因为立体是封闭的几何图形,当一直线与立体相交时,则有穿入点和穿出点;相切时,则只有一个切点。

当平面立体表面的投影有积聚性时,可利用其积聚性直接求得贯穿点,如图 3 - 9(a)所示;当直线为投影面的垂直线时,贯穿点的一面投影和直线的积聚性投影重合,另一面投影

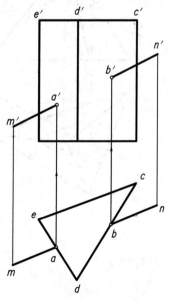

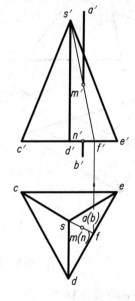

|(a)|(b)|

图 3 - 9　直线或立体有积聚性时,直线与立体的贯穿点

可根据在立体表面取点的方法求得,如图3-9(b)所示。

直线穿入立体内部的一段线不必画虚线。位于贯穿点以外的直线段的可见性,可由贯穿点在立体表面的可见性确定。

当平面立体或直线的投影没有积聚性时,求贯穿点的方法与求直线与平面交点的方法相同,包括直线作辅助平面,求辅助平面与平面立体的截交线,再求截交线与直线的交点,即为贯穿点,如图3-10所示。注意,选择辅助平面时,应使所得截交线的形状尽量简单。

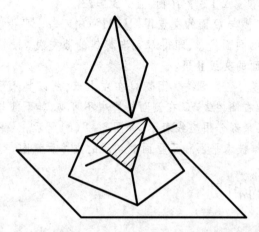

图3-10 直线与立体没有积聚性时,直线与立体贯穿点的作图分析

例3.6 求直线 AB 与三棱锥的贯穿点,并判断 AB 的可见性,如图3-11(a)所示。

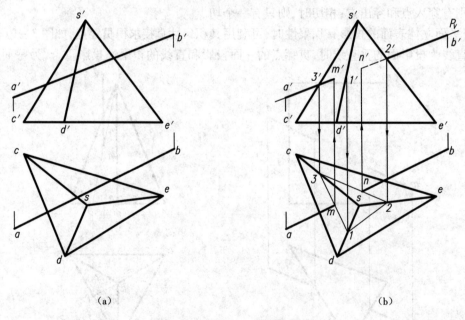

(a)　　　　　　(b)

图3-11 直线与三棱锥的贯穿点

解题分析及作图过程

见图3-11(b),过 AB 直线作正垂面 P,该面与三棱锥的截交线的水平投影为三角形123,三角形123 与 ab 的交点 m、n 即为穿入、穿出点的水平投影,由 m、n 在 a'b' 上定出

m'、n'。

　　由于 M 点在 SCD 棱面上，它的水平投影 m 和正面投影 m' 均为可见，故 am 和 $a'm'$ 均为实线。由于 N 点在 SCE 棱面上，n 为可见，bn 为实线，而 n' 为不可见，$b'n'$ 被三棱锥遮挡部分画成虚线，穿入、穿出点之间不画线。

3.4.2　两平面立体相贯

　　两立体相交也称两立体相贯，其表面交线称为相贯线。

　　两平面立体的相对位置影响相贯线的形状，一般情况下，两平面立体相贯的相贯线为由直线段组成的空间折线多边形，如图 3 - 12(a) 所示。特殊情况下，当一个平面立体的几个棱面只穿过另一立体的同一棱面时，相贯线为平面折线多边形，如图 3 - 12(b) 所示。

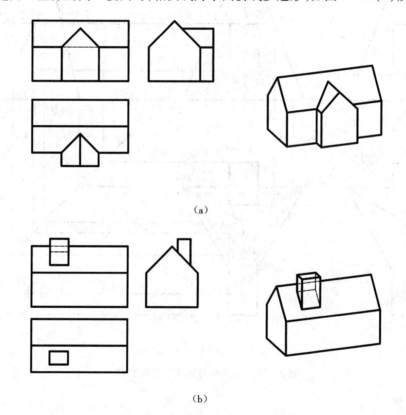

(a)

(b)

图 3 - 12　两平面立体相贯

　　两平面立体相贯线的每一条折线，是两平面立体某两棱面间的交线，各个折点是一个立体的棱线与另一个立体的贯穿点。因此，求作两平面立体相贯线的方法有两种：

　　(1)求甲乙两立体相应棱面间的交线；

　　(2)求甲立体各棱线与乙立体贯穿点和乙立体各棱线与甲立体的贯穿点(相贯线多边形的顶点)，将贯穿点依次相连。

　　作相贯线时应注意以下三点。

　　(1)相贯线的连接：要注意只有位于甲立体的一个棱面上而又同时位于乙立体的一个棱面上的两点才可相连。

（2）相贯线可见性的判别：必须是产生相贯线段的两立体表面的同面投影同时可见，该相贯线段的投影才可见，用实线表示；但只要有一个面的同面投影为不可见时，该相贯线段的投影为不可见，用虚线表示。

（3）在求出相贯线后，还要注意两立体投影重叠处，凡参加相交棱线或素线（轮廓线）的投影，都要连接到贯穿点处，并判别可见性。

例 3.7　求作垂直于正面的四棱柱与三棱锥的相贯线，如图 3 – 13（a）所示。

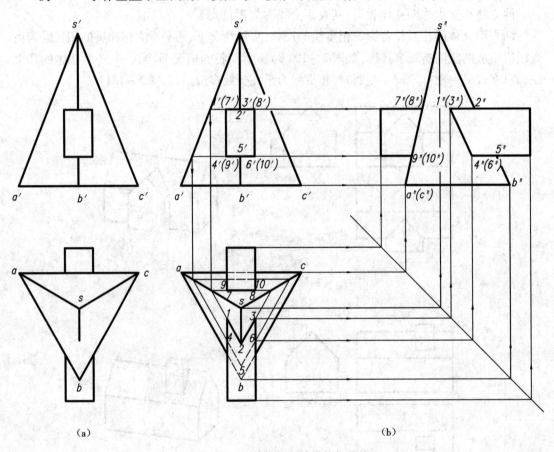

（a）　　　　　　　　　　　　　　　　　　（b）

图 3 – 13　四棱柱与三棱锥的相贯线

解题分析

从图 3 – 13（a）中可以看出，四棱柱全部贯穿三棱锥，所得相贯线为两组封闭折线。由于四棱柱的正面投影有积聚性，所以相贯线的正面投影必定积聚在四棱柱的正面投影上。这样，相贯线的三个投影中只需求水平投影和侧面投影。

作图过程

见图 3 – 13（b）。

（1）在正面投影上，利用积聚性确定 10 个折点的正面投影 $1'(7')$、$3'(8')$、$4'(9')$、$6'(10')$、$2'$、$5'$。

（2）在三棱锥表面上取点。Ⅱ、Ⅴ在棱线 SB 上，可直接得出两点的侧面投影 $2''$、$5''$，再根据点的三面投影规律可求得两点的水平投影 2、5；Ⅶ、Ⅷ、Ⅸ、Ⅹ在棱面 SAC 上，棱面 SAC 为侧垂面，侧面投影积聚，因此Ⅶ、Ⅷ、Ⅸ、Ⅹ的侧面投影必在 SAC 的侧面投影上，即 $7''(8'')$、

9″(10″),再根据点的三面投影规律可求得这四点的水平投影 7、8、9、10；Ⅰ、Ⅳ在棱面 SAB
上,Ⅲ、Ⅵ在棱面 SBC 上,没有集聚性,应通过作辅助线求解,过以上四点分别作底边的平行
线,再画出辅助线的水平投影,在其上定出四点的水平投影 1、3、4、6,再根据点的三面投影
规律可求得这四点的侧面投影 1″(3″)、4″(6″)。

（3）顺序相连各折点得相贯线(注意相贯线为两组)。

（4）判断可见性。正面投影和侧面投影可见部分和不可见部分虚、实重合,用实线表
示。水平投影,910、456 为不可见,用虚线表示,同时三棱锥底边被四棱柱遮挡的部分也应
画虚线。

例 3.8　求作两个三棱柱的相贯线,如图 3－14(a)所示。

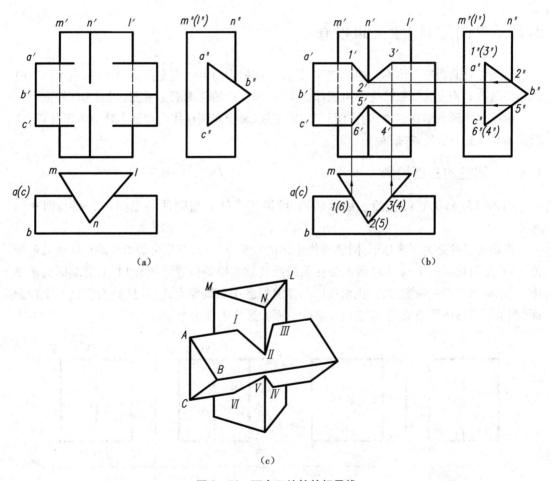

（a）　　　　　　　　　　　　　　　　（b）

（c）

图 3－14　两个三棱柱的相贯线

解题分析

从图 3－14(a)中可以看出,两个三棱柱是相互部分贯穿,相贯线是一组空间折线。由
于直立三棱柱的水平投影有积聚性,所以相贯线的水平投影必定积聚在直立三棱柱的水平
投影上。同样,侧垂三棱柱的侧面投影有积聚性,所以相贯线的侧面投影必定积聚在侧垂三
棱柱的侧面投影上。这样,相贯线的三个投影中只需求其正面投影。

从图 3－14(a)中还可以看出,直立三棱柱只有 N 棱线与侧垂三棱柱相交,侧垂三棱柱

的 A 与 C 两条棱线与直立三棱柱相交。每条棱线有两个交点,这六个交点即是所求相贯线上的六个折点。求出这些交点,顺序相连即是相贯线。

作图过程

如图 3 – 14(b)所示。

(1)在水平投影和侧面投影上,利用积聚性确定 6 个折点的投影 1(6)、2(5)、3(4)和 $1''(3'')$、$2''$、$5''$、$6''(4'')$。

(2)由 $2''$、$5''$向左作投影连线交 N 棱线得 $2'$、$5'$,由 1(6)、3(4)向上作投影连线分别交 A、C 棱线得 $1'$、$6'$、$3'$、$4'$。

(3)顺序相连得相贯线,并判断可见性。$1'6'$、$3'4'$ 为不可见,用虚线表示。

3.5　曲面立体的三面投影

表面含有曲面的立体称为曲面立体,曲面立体的表面可以完全由曲面构成,也可以由曲面和平面共同构成。如圆球完全由圆球面构成,而圆柱的两端面为平面,侧面为圆柱面。

曲面立体形态丰富多彩,为方便研究,取圆柱、圆锥和圆球作为曲面立体的典型样例,分析曲面立体的一般投影规律。

3.5.1　圆柱的三面投影

图 3 – 15(a)为正圆柱的三面投影图,所谓正圆柱是指圆柱的顶面和底面与回转轴垂直。

投影的目的是为了表达形体,在选择形体的放置方位时,应尽可能地反映形体的几何特征,使投影简化。图 3 – 15(a)所示圆柱采用回转轴为铅垂位置放置,因此上下端面为水平面,在水平投影中反映实形,在正面投影和侧面投影中积聚成直线;圆柱侧面垂直水平投影面,在水平投影中积聚成圆,在正面投影和侧面投影中表现为矩形。

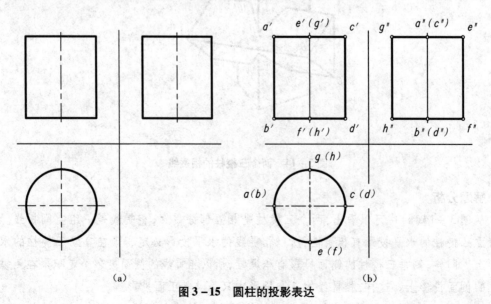

(a)　　　　　　　　　　　　　(b)

图 3 – 15　圆柱的投影表达

需要特别指出的是,正投影图中的 $a'b'$ 和 $c'd'$ 两条竖线是圆柱的左右轮廓线,如图 3 – 15(b)所示,它不同于前面论述平面立体时对形体投影图线的解释。在前面论述平面立体时,投影图中表达形体的直线只有两种解释,即平面立体棱线的投影或立体表面的积聚。在曲面立体投影中,轮廓线有时不是形体表面真实存在的交线,而是形体曲面投影的边界。此时它们不会在投影图中同时出现。如图 3 – 15(b)所示,正投影图中直线 $a'b'$ 和 $c'd'$ 为圆柱的左右轮廓线,在侧面投影图中对应的是 $a''b''$ 和 $c''d''$ 两条直素线,由于它们不是真实存在的,因此不能画出。再如侧面投影图中直线 $e''f''$ 和 $g''h''$ 为圆柱的前后轮廓线,在正面投影图中对应的是 $e'f'$ 和 $g'h'$,基于同样理由,也不能画出。圆柱投影的正确表达应该是图 3 – 15(a)所示图形。

3.5.2 圆锥的三面投影

图 3 – 16(a)为正圆锥的三面投影图,所谓正圆锥是指圆锥的底面与回转轴垂直。

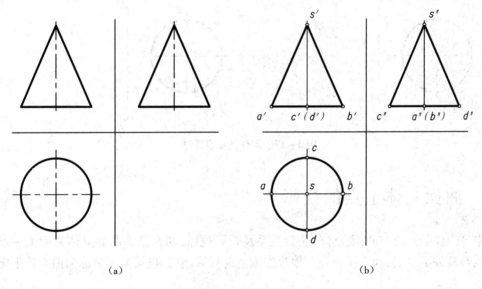

图 3 – 16 圆锥的投影表达

圆锥采用回转轴为铅垂位置放置,因此底面为水平面,在水平投影中反映实形,在正面投影和侧面投影中积聚成直线;圆锥侧面在正面投影和侧面投影中表现为三角形。

与圆柱投影相类似,正面投影图中的 $s'a'$ 和 $s'b'$ 是圆锥的左右轮廓线,如图 3 – 16(b)所示,它们是圆锥表面的普通素线,分别对应水平投影图中的 sa 和 sb 以及侧面投影图中的 $s''a''$ 和 $s''b''$。由于它们不是圆锥表面真实的交线,因此在水平投影和侧面投影中不能画出。同理,侧面投影图中的 $s''c''$ 和 $s''d''$ 是圆锥的前后轮廓线,如图 3 – 16(b)所示,分别对应水平投影图中的 sc 和 sd 以及正面投影图中的 $s'c'$ 和 $s'd'$,也不能直接画出。圆锥投影的正确表达应该是图 3 – 16(a)所示图形。

3.5.3 圆球的三面投影

图 3 – 17(a)为圆球的三面投影图。三个投影均为圆,但它们不是同一个圆的三个投影,而是圆球在三个方向上的轮廓线。正面投影为过球心平行于 V 面的最大正平圆,即圆

球前后轮廓线的投影,其水平投影和侧面投影均为直线;水平投影中的圆为过球心平行于 H 面的最大纬圆(也称赤道圆),即圆球上下轮廓线的投影,其正面投影和侧面投影均为直线;侧面投影为过球心平行于 W 面的最大侧平圆,即圆球左右轮廓线的投影,其水平投影和正面投影均为直线。A 点和 B 点为上下轮廓线与前后轮廓线的交点,C 点和 D 点为上下轮廓线与左右轮廓线的交点,E 点和 F 点为前后轮廓线与左右轮廓线的交点,如图 3 – 17(b) 所示。

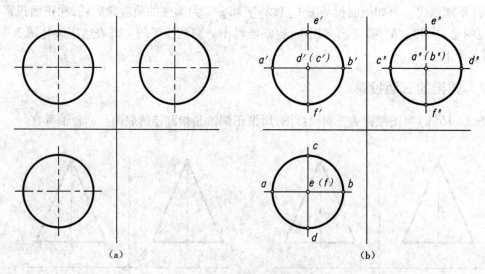

图 3 –17　圆球的投影表达

3.6　曲面立体上点的投影

　　本节主要研究点与曲面立体的位置关系及投影规律,即在已知曲面立体表面上一点的一面投影条件下,如何确定该点在其他投影面上的投影问题,也被简单地称为曲面体上定点问题。

3.6.1　圆柱体上定点

　　分析图 3 – 15(a)所示圆柱体可以看出,圆柱体侧面在水平投影中积聚,上下端面在正面投影图和侧面投影图中积聚,因此体上定点问题相对比较简单。下面通过例题介绍求解过程。

　　例 3.9　已知 A 点、B 点和 C 点在圆柱体上,如图 3 – 18(a)所示,试补全 A 点、B 点和 C 点的三面投影。

　　解题分析及作图过程

　　见图 3 – 18(b)。

　　(1)求解 A 点的正面投影和侧面投影:由题目给出的水平投影可以判断 A 点在圆柱的上端面上,圆柱上端面的正面投影有积聚性,因此由 a 点向上引竖线与圆柱上端面的正面投影相交,交点即为 A 点正面投影 a'。再依据 A 点的水平投影 a 和正面投影 a' 求出侧面投影 a''。

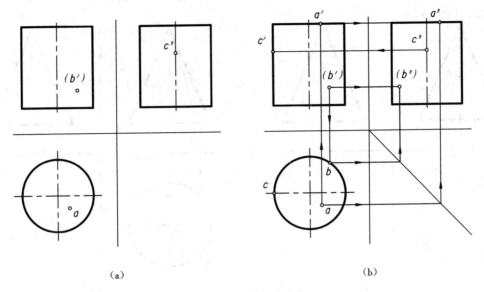

图 3 - 18　圆柱体上定点

（2）求解 B 点的水平投影和侧面投影：由题目给出的正面投影可以判断 B 点在圆柱的右后 1/4 侧面上，圆柱侧面的水平投影有积聚性，因此由 b' 点向下引竖线与圆柱右后 1/4 侧面的水平投影相交，交点即为 B 点水平投影 b。再依据 B 点的水平投影 b 和正面投影 b' 求出侧面投影 b''，注意 b'' 应加括号，表示 B 点在侧面投影中不可见。

（3）求解 C 点的水平投影和正面投影：由题目给出的侧面投影可以判断 C 点在圆柱的左轮廓线上，因此由 c'' 点向左引水平线与圆柱正面投影中的左轮廓线相交，交点即为 C 点的正面投影 c'。C 点水平面投影 c 可直接在圆柱水平投影图中标出。

3.6.2　圆锥体上定点

分析图 3 - 16（a）所示圆锥体可以看出，圆锥体底面在正面投影中积聚，如果点在底面上，点的投影容易确定。但是如果点在圆锥的侧面上，由于侧面在三个投影中均没有积聚性，与平面上定点一样，需要在面内作辅助线确定点的投影。理论上可以在曲面上作任意辅助线确定点的投影，但是为了保证求解的准确性，只有直线和圆周可以利用。利用曲面上的直素线求解体上定点问题的方法称为素线法。利用曲面上的纬圆求解体上定点问题的方法称为纬圆法。下面通过例题介绍求解过程。

例 3.10　已知 A 点在圆锥体上，如图 3 - 19（a）所示，试补全 A 点的三面投影。

解题分析及作图过程

解法一：用素线法求解 A 点的正面投影和侧面投影。

由题目给出的水平投影可以判断 A 点在圆锥的左前 1/4 侧面上，过 A 点作圆锥素线 SK 的水平投影 sk。依据素线 SK 的水平投影，作出其正面投影 $s'k'$，见图 3 - 19（b）。由素线的正面投影 $s'k'$ 确定 A 点的正面投影 a'，见图 3 - 19（c）。再依据 A 点的水平投影 a 和正面投影 a' 求出侧面投影 a''，见图 3 - 19（d）。

解法二：用纬圆法求解 A 点的正面投影和侧面投影。

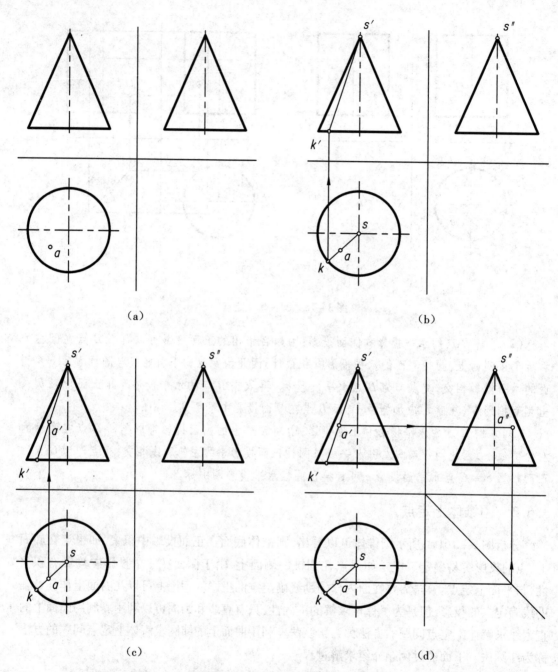

（a）　　　　　　　　　　　　　（b）

（c）　　　　　　　　　　　　　（d）

图 3 – 19　用素线法在圆锥体上定点

　　在水平投影中以 s 为圆心，过 a 点作圆，该圆为圆锥的纬圆，见图 3 – 20（a）。由纬圆的水平投影作正面投影，见图 3 – 20（b）。A 点在纬圆上，因此 A 点的正面投影 a' 在纬圆的正面投影上，由此得到 A 点的正面投影 a'，见图 3 – 20（c）。再依据 A 点的水平投影 a 和正面投影 a' 求出侧面投影 a''，见图 3 – 20（d）。

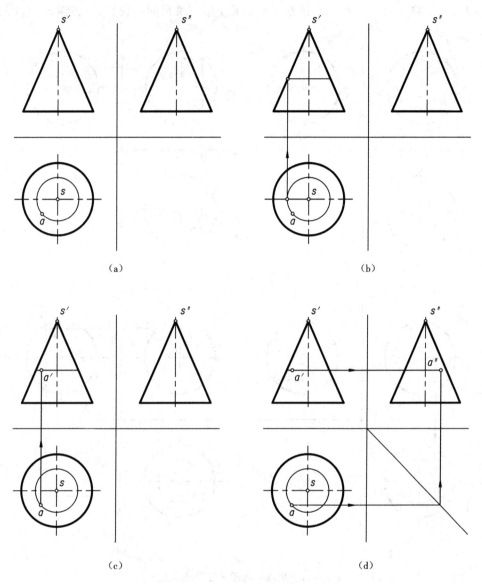

（a）   （b）

（c）   （d）

图 3 – 20   用纬圆法在圆锥体上定点

3.6.3 圆球体上定点

圆球面是非直纹曲面,不存在直素线。因此,球体上的定点问题只能利用纬圆法求解。下面通过例题介绍求解过程。

例 3.11   已知 A 点在圆球体上,如图 3 – 21(a)所示,试补全 A 点的三面投影。

解题分析及作图过程

解法一:用水平纬圆求解 A 点的正面投影和侧面投影。

由题目给出的水平投影可以判断 A 点在圆球的左前上 1/8 球面上。过 A 点作水平圆,该圆为圆球的水平纬圆,由水平纬圆的水平投影作正面投影,见图 3 – 21(b)。A 点在水平纬圆上,因此 A 点的正面投影 a′ 在水平纬圆的正面投影上,由此得到 A 点的正面投影 a′,见

图 3 –21(c)。再依据 A 点的水平投影 a 和正面投影 a′ 求出侧面投影 a″, 见图 3 – 21(d)。

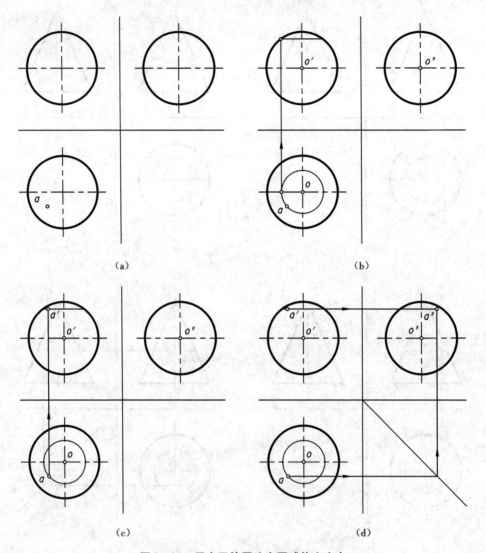

(a)　　　　　　　　　　　　　　　(b)

(c)　　　　　　　　　　　　　　　(d)

图 3 – 21　用水平纬圆法在圆球体上定点

解法二:用正平纬圆求解 A 点的正面投影和侧面投影。

过 A 点作正平圆,该圆为圆球的正平纬圆,图 3 – 22(a)水平投影中所示直线为该圆的水平投影。由正平纬圆的水平投影作正面投影,见图 3 – 22(b)。A 点在正平纬圆上,因此 A 点的正面投影 a′ 在正平纬圆的正面投影上,由此得到 A 点的正面投影 a′,见图 3 – 22(c)。再依据 A 点的水平投影 a 和正面投影 a′ 求出侧面投影 a″, 见图 3 – 22(d)。

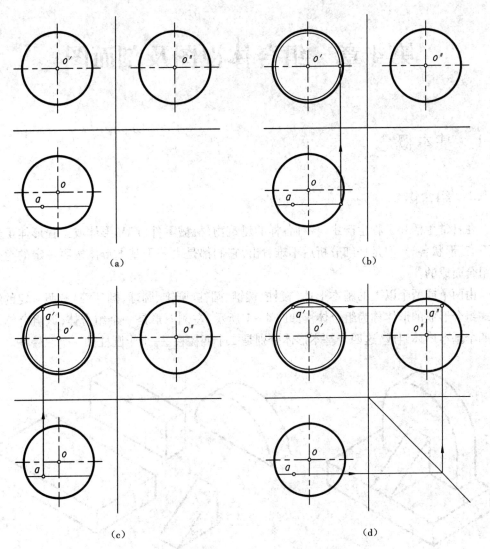

图 3 – 22 用正平纬圆法在圆球体上定点

第4章 组合体视图及剖面图

4.1 基本概念

4.1.1 组合体

在日常生活和工程生产中,各种各样的建筑物、机械零件、产品形体或工程形体虽然千姿百态、形状各异,但是仔细分析后不难看出,它们都是由若干基本形体按照一定的组合方式组合而成的。

由两个或两个以上的基本形体(棱柱、棱锥、圆柱、圆锥、圆球、圆环等)按照一定的组合方式组合形成的形体称为组合体。如图4-1所示,左侧图形是一个组合体,该组合体由右侧四个基本形体组成,这四个基本形体分别是二个四棱柱、一个半圆柱和一个三棱柱。

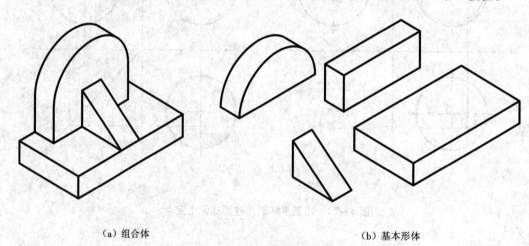

(a) 组合体   (b) 基本形体

图4-1 组合体

4.1.2 视图及三视图

工程制图中习惯将形体的投影图称为视图。组合体的视图就是组合体的投影图。前面章节介绍的三面投影图,对应到工程制图中,称为三视图。其对应关系如下:组合体的正面投影图称为主视图;组合体的水平投影图称为俯视图;组合体的侧面投影图称为左视图。这三个视图称为组合体的三视图,如图4-2所示。

在不同的专业领域,这三个视图又有不同的习惯称呼。主视图有时被称为正视图或正立面图;俯视图被称为平面图;左视图被称为侧视图或侧立面图。

三视图的度量和方位对应关系与三个投影图的度量和方位关系是一致的,即主视图与俯视图反映了形体的长度,主视图与左视图反映了形体的高度,俯视图与左视图反映了形体

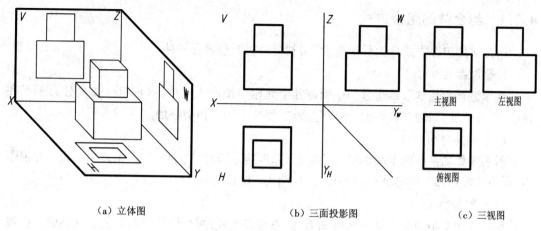

(a) 立体图　　　　　　　(b) 三面投影图　　　　　　(c) 三视图

图 4 - 2　组合体的三视图

的宽度,如图 4 - 3(a)所示。三视图的方位对应关系:主视图反映上下、左右关系,俯视图反映前后、左右关系,左视图反映上下、前后关系,如图 4 - 3(b)所示。

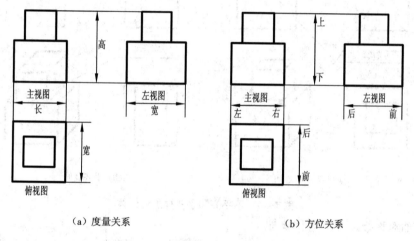

(a) 度量关系　　　　　　　　　　　(b) 方位关系

图 4 - 3　三视图度量和方位对应关系

4.2　组合体形体分析

　　将复杂的整体问题化整为零进行简单化,是分析处理所有复杂问题常用的方法之一。对于本章所述的组合体以及在日常生活和工程生产中经常遇到的非常复杂的形体,经过简化后,总能分解成若干基本形体。

　　在工程制图中,把组合体(建筑物、机件或各种产品)假想分解为若干基本形体,然后分析这些基本形体的形状以及它们之间的位置关系、组合方式和连接关系,进而从总体上理解、认识和构思组合体的方法称为形体分析法。形体分析法是组合体绘图、读图以及尺寸标注常用的方法。

4.2.1 组合体的组合方式

组合体的组合方式分为叠加组合、切割组合和混合组合三种。

1. 叠加组合

叠加组合指基本形体通过一个面或几个面相连接形成整体,这种组合体又分为不平齐叠加、平齐叠加、同轴对称叠加、不对称叠加、相交叠加和相切叠加。

1)不平齐叠加

不平齐叠加是指两个基本形体叠加后,除连接表面外,两个形体再无公共表面。在视图中,两个基本形体在连接处存在分界线,如图 4-4(a)所示。

2)平齐叠加

平齐叠加是指两个基本形体叠加后,除连接表面外,两个形体尚有其他表面共面。在视图中,两个基本形体在连接处不存在分界线,如图 4-4(b)所示。

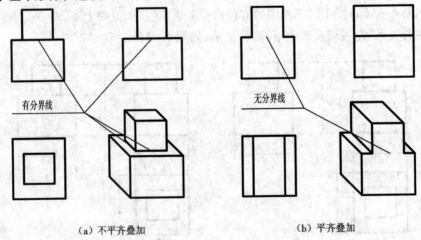

（a）不平齐叠加　　　　　　　　（b）平齐叠加

图 4-4　不平齐和平齐叠加组合体

3)同轴对称叠加和不对称叠加

同轴对称叠加是指两个基本形体叠加后,具有公共的对称轴,如图 4-5(a)所示。与此相对应的是不对称叠加,见图 4-5(b)。

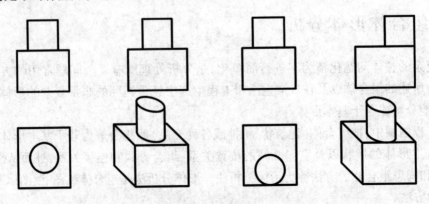

（a）同轴对称叠加　　　　　　　　（b）不同轴不对称叠加

图 4-5　同轴对称和不同轴不对称叠加组合体

4）相交叠加

相交叠加是指两个基本形体叠加后,除结合面外,其他相邻表面相交并产生交线,即前面章节所述的相贯线。相交叠加的组合体在绘制视图时,要注意相贯线并正确绘出,如图4-6所示。

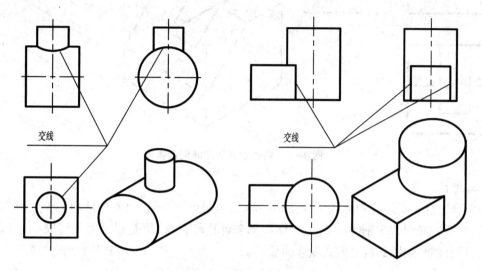

图4-6 相交叠加的组合体

5）相切叠加

相切叠加是指两个基本形体叠加后,除结合面外,其他相邻表面有相切的位置,相切处的组合面光滑过渡,没有分界线,在绘制视图时,相切处不绘制分界线,如图4-7所示。

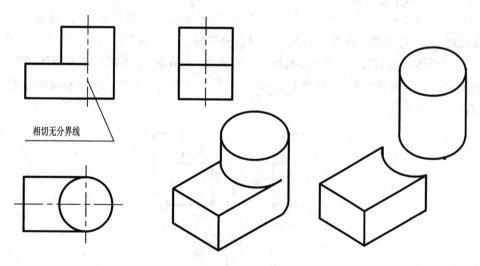

图4-7 相切叠加的组合体

2. 切割组合

切割组合是指某个形体是由切割形成的,即原来一个整体形体被一些平面或曲面切割,在原来形体上产生一些新的基本形体形状的孔、洞、凹槽等。图4-8所示的组合体相当于原来是一个四棱柱整体,切割去掉一个三棱柱之后再挖去一个四棱柱而组合形成。

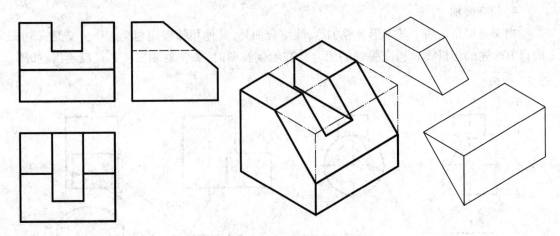

图4-8　切割组合而成的组合体

3. 混合组合

混合组合是指最终的形体包含叠加和切割两种组合方式。日常生活和工程生产中所见到的建筑物、机件和各种产品的组合体大部分都比较复杂,但是都可以分解成一些基本形体,按照叠加和切割的混合方式组合而成。

4.2.2　组合体的连接关系及投影表达特点

基本形体组合成组合形体时,基本形体之间存在如下一些连接关系。

(1)两形体表面不共面。如图4-4(a)所示,形体除结合处之外,其他表面没有共面,在画视图时,注意画出分界线。

(2)两形体表面共面。如图4-4(b)所示,形体和形体除结合处之外,其他表面有共面,在画视图时,注意两形体在共面的表面没有分界线。

(3)两形体前表面共面,后表面不共面。如图4-9所示,上下两个基本形体,前表面共面,后表面和左右表面不共面,在画主视图时,注意要画出上下两个形体后表面的分界线,且为虚线。

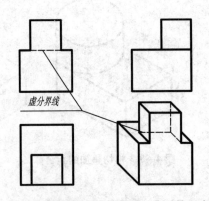

虚分界线

图4-9　前表面共面、后表面不共面的组合体

(4)两形体表面相交。如图4-6所示两个形体相交,相交处产生相贯线,绘制视图时注意绘制两个形体相交处的相贯线。

(5)两形体表面相切。如图 4－7 所示,两个形体的表面有相切的位置,相切处平滑过渡,没有分界线,在绘制视图时,注意在相切处不绘制分界线。

4.3 组合体三视图的画法

画组合体三视图时,首先进行形体分析,确定组合体的组成及相互关系;其次需要根据形体的具体情况,选择合适的主视方向;再根据形体的大小,选择合适的比例和图幅;最后进行三视图绘制。

形体分析是将复杂的组合体拆解为若干零散的简单基本形体,分析基本形体的形状、基本形体之间的相对位置、基本形体之间的组合方式以及连接关系,以方便绘制组合体的三视图。

主视方向是指获得主视图的投射方向,主视方向的确定对其他视图的影响比较大。主视图也是三视图中比较重要的一个视图,主视方向的确定应该遵循如下一些原则。

(1)主视图应该能最大程度地反映组合体的整体形状特征、各个基本形体的形状特征以及相对位置关系。

(2)主视图应尽可能使组合体的主要表面和棱线与三视图的投影面平行或垂直,最大程度地反映组合体的表面和棱线的实形和实长。

(3)主视图中应该最大程度地减少虚线,甚至是没有,同时要保证其他视图中也最大程度地减少虚线。

(4)主视方向的选择还要考虑组合体的正常组装和安放状态。

主视方向确定之后,需要根据组合体的形状、大小和复杂程度以及表达的详细程度等因素,结合国家标准选择适当的绘图比例和图幅。比例确定之后,需要根据三视图的面积、尺寸标注和标题栏所占位置综合确定图幅。有时候也可以先选定图幅,再根据三视图的布置位置、尺寸标注所占位置以及视图之间的间距和尺寸标注之间的间距,综合各种因素确定比例。

前面的准备工作做好之后,进行三视图的绘制。

例 4.1 如图 4－10(a)所示,已知组合体的轴测图,绘制三视图。

解题分析及作图过程

解题基本过程包括形体分析、选择主视方向、选择比例和图幅以及绘制三视图。

(1)形体分析。

图 4－10(a)所示的组合体由图 4－10(b)所示的底板Ⅰ、支撑板Ⅱ、半圆柱Ⅲ和肋板Ⅳ组合而成。这四部分主要以叠加方式组合,其中Ⅰ、Ⅱ、Ⅲ的后表面共面,其他表面相交;Ⅰ、Ⅳ前表面共面,两侧相交;Ⅱ、Ⅲ左右表面相切。

(2)确定形体的主视方向。

图 4－10(a)中的组合体已经按照常规组装或安放状态摆放,*A、B、C、D* 四个投射方向哪个可以作为主视方向? *A* 投射方向能反映底板、半圆柱、支撑板、肋板四部分的 *B、D* 方向和上下方向的相对位置和半圆柱的形状特征,缺点是不能反映四部分的前后相对位置和肋板的形状特征。*B* 投射方向能反映肋板的形状特征以及四部分在 *A、C* 方向和上下方向的

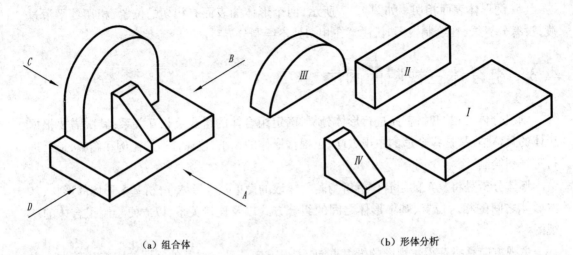

(a) 组合体　　　　　　　　　　　　　　　(b) 形体分析

图 4 - 10　组合体的形体分析

相对位置,缺点是不能反映半圆柱的形状特征。C 投射方向所得主视图与 A 方向的主视图相反,而且会出现很多虚线,所以没有 A 投射方向作为主视方向好。D 投射方向所得主视图与 B 方向相反,如果作为主视方向,则会使左视图中出现很多虚线,所以没有 B 投射方向作为主视方向好。由上述分析可知,A 和 B 方向都可以作为主视方向,但是 A 方向要稍微优于 B 方向,A 方向还能反映 Ⅱ、Ⅲ 的连接关系。

(3)确定比例和图幅。

根据该组合体的实际形状大小以及三视图的表达精度,确定绘制三视图的图幅和比例,为了讲解方便和绘图简便,本例选择1:1绘制该组合体。

(4)绘制三视图。

①布置图面:将三视图所用的位置均匀地布置在图幅内,并画出对称中心线、轴线和定位基线等,以确定每个图形的位置,如图 4 - 11(a)所示。

②绘制三视图底稿:根据形体分析和图面布置的基准线,逐个画出基本形体。画图顺序按照形体分析,先画主要形体,后画细节;先画可见的图线,后画不可见的图线;先画大形体,后画小形体;先画外轮廓,后画内部细节;先画曲线,后画直线。将各视图配合起来画,正确绘制各形体之间的相对位置,注意各形体之间表面的连接关系,如图 4 - 11(b)和 4 - 11(c)所示。

③检查、整理:底稿画完后,要仔细检查并整理。注意检查基本形体之间的相对位置、组合方式和连接关系。注意既不能多画线,也不能少画线,同时注意投影线的可见性。

④描粗、加深:检查并整理无误后,擦去作图辅助线和多余的线,根据国家制图标准规定的线型加深描粗,见图 4 - 11(d)。描粗加深的顺序为先上后下、先左后右、先细后粗、先曲后直。当几种投影线重影时,需要按照粗实线、虚线、细点画线、细实线的顺序取舍。

4.4　组合体三视图的阅读

组合体画图和读图关系紧密。画图是将脑海中想象或设计好的形体根据正投影法画出

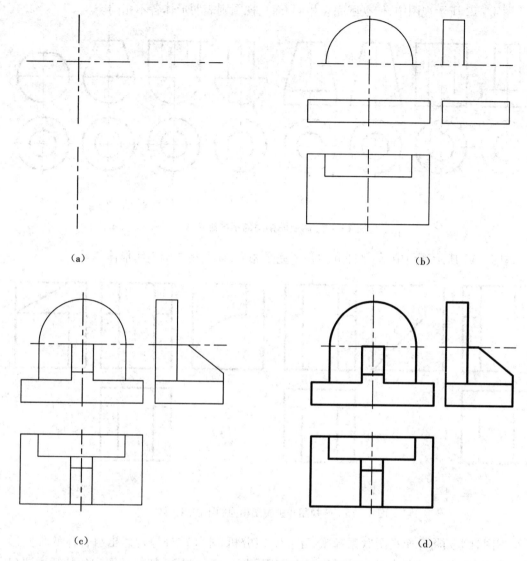

（a）　　　　　　　　　　　　　　　（b）

（c）　　　　　　　　　　　　　　　（d）

图 4－11　组合体三视图画图步骤

三视图;读图则是根据已经画好的三视图,应用投影规律和制图规则,综合三视图表达的信息,通过空间想象,理解空间形体的空间形状。可见画图和读图是一个互逆过程,都是提高空间想象力和投影分析能力的重要手段。组合体读画是学习本课程的主要目的之一,也是难点之一,需要给予重视并熟练掌握。

4.4.1　组合体读图基本要领

1.三视图相互参照阅读

无论是基本形体还是组合体,一个视图或两个视图通常不能完全确定形体的形状,因此组合体读图时需要两个以上视图联系起来阅读。一般主视图最能反映组合体的形状特征,在读图时,从主视图出发,联系其他视图综合分析,切忌只看一个视图就对组合体形状下结论。

图 4－12 所示视图中,俯视图完全相同,而主视图则表明形体各不相同。

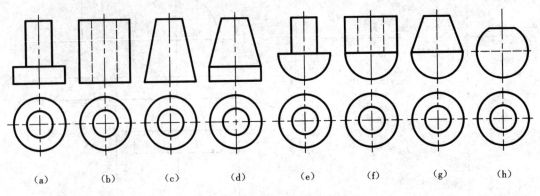

(a)　(b)　(c)　(d)　(e)　(f)　(g)　(h)

图 4－12　俯视图相同的不同组合体

图 4－13 所示视图中,俯视图和主视图完全相同,而左视图则表明形体各异。

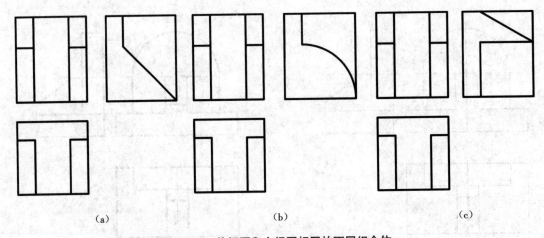

(a)　　　　　　(b)　　　　　　(c)

图 4－13　俯视图和主视图相同的不同组合体

　　读图时必须将几个视图联系起来,互相对照分析,才能准确地构建出组合体的真实形状。将几个视图联系起来互相对照分析的关键是抓住特征视图,特征视图中的特征主要包括形状特征和位置特征。图 4－12 中的主视图是形状特征视图,图 4－13 中的左视图是形状特征视图,上述实例说明了抓形状特征视图的重要性。

　　如图 4－14 所示,如果只看主视图和俯视图很难确定组合体的形状,只有将三个视图联系起来,并抓住左视图中的位置特征,才能完全理解组合体的形状。该例说明了抓位置特征视图的重要性。

　　2. 分析三视图中图线的含义

　　三视图中的图线,代表形体上三种不同情况的投影:

　　(1)平面或曲面的积聚投影;

　　(2)两个面(平面与平面、平面与曲面、曲面与曲面)交线的投影;

　　(3)曲面投影的轮廓线。

　　如图 4－15(a)所示,Ⅰ是组合体曲面的轮廓线的投影;Ⅱ是组合体面的交线投影;Ⅲ是组合体平面或曲面的积聚投影。

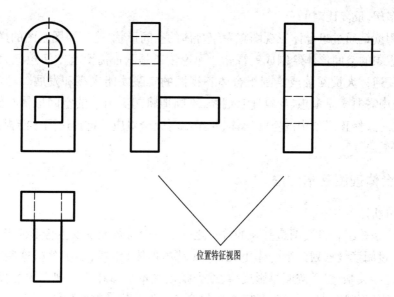

位置特征视图

图 4 – 14　位置特征视图

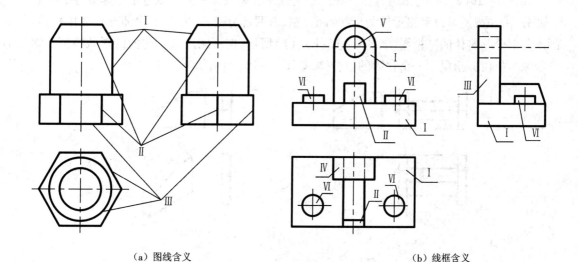

（a）图线含义　　　　　　　　　　　　　　　　　（b）线框含义

图 4 – 15　三视图中图线和线框的含义

3. 分析三视图中图线围成的区域（线框）的含义

三视图中的每个线框区域代表形体上六种不同情况的投影：

（1）平面的实形投影；

（2）平面的相仿形投影；

（3）组合面（平面与曲面组合）的投影；

（4）曲面的投影；

（5）孔的投影；

（6）凸台的投影。

如图 4 – 15（b）所示，Ⅰ是平面的实形投影；Ⅱ是平面的相仿形投影；Ⅲ是组合面的投影；Ⅳ是曲面的投影；Ⅴ是孔的投影；Ⅵ是凸台的投影。

4. 多思多想, 反复比对

三视图阅读是通过组合体三视图想象组合体的空间形状, 是三视图画图的逆过程; 三视图画图是将想象的空间形体绘制成三视图。无论读还是画都需要有空间想象力, 而这种空间想象力需要通过大量阅读或绘制组合体三视图的实践才能提高和发展。对于初学者而言, 读图过程中需要多思多想、反复比对揣摩, 不断地将想象出来的空间形体与给定的三视图比对, 边比对边修正想象中的空间形体, 直至二者完全对应。这样读图才能提高空间想象力, 收到良好效果。

4.4.2　组合体读图基本方法

1. 形体分析法

形体分析法是组合体读图最基本的方法之一。一般从最能反映组合形体形状特征的主视图着手, 通过阅读线框划分组合体由几部分(基本形体)组成, 初步分析这些基本形体的组合方式和连接关系; 然后按照投影规律, 逐个找出基本形体在三个视图中的投影, 分析并确定基本形体的形状和相对位置; 最后综合起来想象组合体的整体形状。

如图 4-16(a)所示, 由组合体三视图中主视图和俯视图明显可以看出形体分左、中、右三部分, 由左视图可以看出形体的形状特征, 左、右两部分是五棱柱, 中间部分是多棱柱体。画出各部分基本体的三视图, 如图 4-16(b)、(c)所示, 左视图反映了它们的形状特征。综合起来分析可以想象出一个台阶的组合体, 如图 4-16(d)所示。

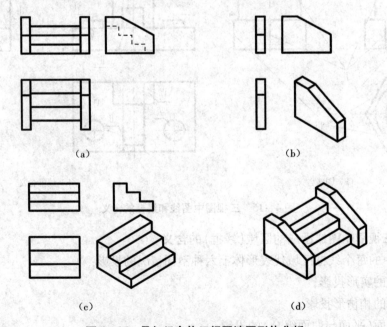

(a)　　　　　　　　　　　　　(b)

(c)　　　　　　　　　　　　　(d)

图 4-16　叠加组合体三视图读图形体分析

如图 4-17(a)所示组合形体, 给出了主视图和俯视图, 通过联系两个视图对应分析, 可知该组合体是一个由切割组合方式形成的组合体, 基本形体是一个四棱柱, 被切割了两次。第一次在四棱柱前上部切去一个半圆柱, 第二次在四棱柱后上部切去了一个小的四棱柱, 图 4-17(b)所示是该组合体的立体图, 图 4-17(c)、(d)是被切去的形体。

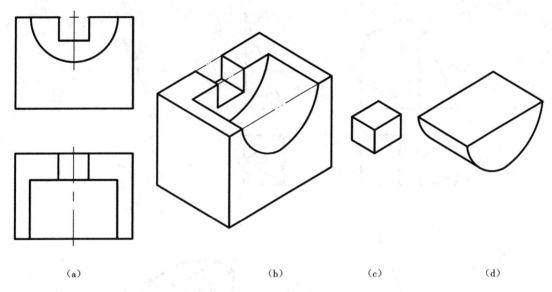

（a）　　　　　　　　　　（b）　　　（c）　　　　（d）

图 4 – 17　切割组合体三视图读图形体分析

2. 线面分析法

线面分析法就是利用空间线、面的投影规律,分析三视图中每条线和每个线框的空间含义及其之间的相互关系,帮助阅图者读懂和想象出组合体的形状。

使用线面分析法的前提是熟练掌握线面的投影规律。如空间形体上投影面平行面的投影具有实形性和积聚性,投影面垂直线的投影具有实长性和积聚性,投影面垂直面和一般位置面的投影具有相仿性,投影面平行线的投影仍然平行。

如图 4 – 18(a)所示切割组合体,给出了主视和俯视两个视图。通过形体分析,从反映形体特征的主视图中可知有两个线框,联系俯视图综合分析可知形体由左右两部分组成。右半部分形体比较简单,容易想象,可知是一个五棱柱。左半部分不容易想象,需要结合线面分析法,通过线面投影规律分析每条线和每个线框在空间上的实际意义,想象空间形状。如图 4 – 18(b)所示,组合体左半部分的俯视图由 3 个线框组成,主视图由 1 个线框组成,联系主视图并结合线面投影规律,可知俯视图中 3 个线框代表的空间面在主视图中,一个面投影积聚(面 1,见图 4 – 18(c)),另外两个面的投影体现相仿性并重影(面 2 和面 3,见图 4 – 18(d))。由于面 2 和面 3 的底边是侧垂线,所以面 2 和面 3 是侧垂面。底面是矩形,右侧面是三角形,可以判断组合体左侧是一个斜四棱柱。将左右两部分综合起来分析,可以想象出该组合体的空间形状如图 4 – 18(e)所示。

4.4.3　组合体读图基本步骤

对于组合体视图的阅读,无论怎么阅读,总体思想是严谨认真,总体目标是看懂,想象出组合体的空间形状。但是对于初学者,为了提高读图水平,需要遵循如下一些读图基本步骤。

1. 略读、抓特征视图

将所给视图联系起来综合粗略阅读,根据视图投影规律,对形体的形状进行初步了解。

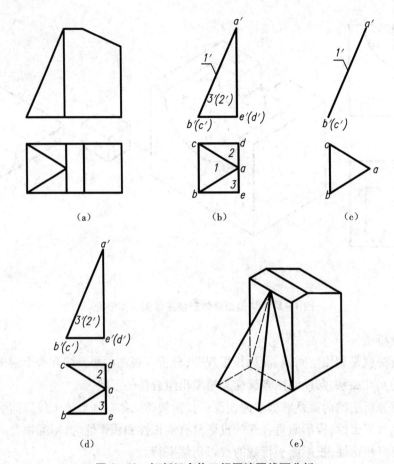

图4-18 切割组合体三视图读图线面分析

在粗略阅读初步了解的过程中,要抓住视图中的特征视图,通过特征视图快速了解形体的大体形状。抓特征视图包括抓形状特征视图和位置特征视图。

2. 形体分析

在略读的前提下采用形体分析法,并根据投影规律,将形体进行假想拆解,分析基本形体之间的组合方式,面与面之间的连接关系以及基本形体之间的相对位置。拆解过程中对于组合方式首先要考虑拆解叠加方式,再考虑切割方式,最后考虑相交方式。拆解过程中对于形体的难易程度要由易到难,先考虑规则的、常见的形体。

3. 综合分析并想象

通过略读和形体分析后,对基本形体的形状、大小和基本形体之间的相对位置有了一定的认识之后,便可综合分析并想象。综合分析的过程基本上是形体分析的逆过程,将拆解出来的基本形体按照组合方式、连接关系和相对位置进行假想组装,想象形体的整体形状。

4. 线面分析

形体分析和综合分析并想象之后,对于复杂的组合体,可能在某些局部还比较模糊,形体想象得还不够清晰,这时候再采用线面分析法详细分析该局部细节。采用线面分析是对局部的每条图线和线框根据投影规律分析在空间上的几何含义。

5. 检验核对

通过前述步骤,脑海中已经有了形体的形状,最后还需要进行检验核对。将脑海中的形体与所给视图进行详细比对,检验读图是否正确,发现矛盾的地方,要重新分析、修正,直至完全可以和视图对应。

虽然三视图阅读以想象出形体的形状为最终目标,但对于初学者来说需要遵循如上步骤,逐渐提高空间想象力。概括起来就是看视图抓特征—形体分析并拆解形体—综合分析并想象组装形体—线面分析攻克局部细节—检验核对形体与三视图是否对应。

4.5　组合体三视图读画训练

组合体三视图的读画训练可以提高空间想象力,提高空间思维能力。本节将从几个例题出发讲解组合体的三视图读画训练。训练方式将从两个角度出发,即根据组合体两视图补画第三视图和补画三视图中所缺的图线。

4.5.1　已知组合体两视图补画第三视图

已知组合体两视图补画第三视图是训练读画能力的一种基本方法。在作图过程中,除了根据已知视图读懂组合体的形状外,还要根据投影规律正确地画出第三视图。这个过程包含了由图想物和由物画图的反复空间思维的过程。因此这种方法是提高读画能力、培养空间想象力的一种有效手段。读者应多做这方面的练习。

例 4.2　已知组合体的主视图和俯视图,如图 4 - 19(a)所示,求组合体的左视图。

解题分析及作图过程

首先阅读已知视图,理解想象形体;其次绘制所求视图。

(1)形体分析。

分析给出的两个视图,其主视图反映了形体的组合方式是叠加组合,可以划分出三个线框,说明组合体由三部分叠加组合而成,如图 4 - 19(b)所示。联系俯视图综合分析可知,组合体的三部分分别是下面的底板、左侧的立板和右侧的支撑板。

(2)线面分析。

通过投影规律分析可知,底板是一个六棱柱,即扁平的四棱柱的底部被挖掉一块四棱柱;立板是一个三棱柱;支撑板是一个三棱柱。

(3)连接关系分析。

通过联合分析主视图和俯视图可知,组合体中三部分的相邻表面连接关系是不共面关系。

(4)定位分析。

从位置关系上看,立板和支撑板叠加在底板上表面之上,立板立于底板上表面左侧,支撑板立于立板左侧表面及底板上表面的中轴线上。

根据上述分析,可以综合想象出组合体的完整形状,如图 4 - 19(c)所示。

(5)绘制视图。

在分析过程中,也可以边分析边画图。图 4 - 19(d)、(e)和(f)表示了读图和画图的整

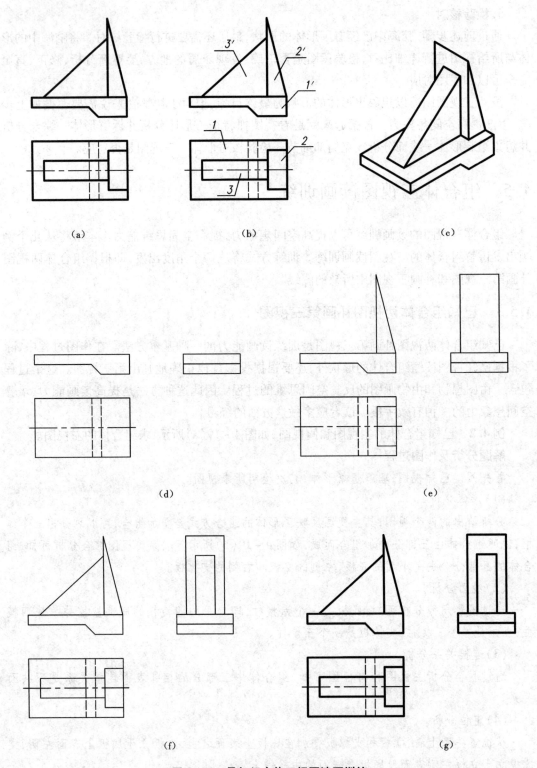

（a）　　　　　（b）　　　　　（c）

（d）　　　　　　　　　　（e）

（f）　　　　　　　　　　（g）

图 4 − 19　叠加组合体三视图读画训练

个过程,在补画完每一部分之后,检查相互之间的连接关系是否正确,是否有多画、少画或虚实不对的地方。检查无误后,加深图线,结果如图 4 − 19(g)所示。

例4.3 已知组合体的主视图和左视图,如图4-20(a)所示,求其俯视图。

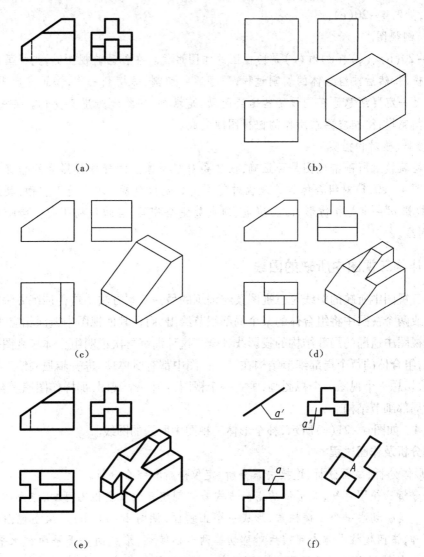

(a)　　　　　　　　　　　(b)

(c)　　　　　　　　　　　(d)

(e)　　　　　　　　　　　(f)

图4-20 切割组合体三视图读画训练

解题分析及作图过程

首先阅读已知视图,理解想象形体;其次绘制所求视图。

(1)形体分析。

分析给出的两个视图,可以得知该组合体的组合方式是切割组合,是将一个长方体切割多次而形成的组合体。首先画出初始长方体,见图4-20(b)。

(2)线面分析、连接关系分析、定位分析。

分析主视图可知,长方体的左上部被一个正垂面切掉一个三棱柱角,见图4-20(c);从左视图分析并联系主视图综合分析可知,第一次切割完之后的形体的右上部被前后对称的水平面和正平面切掉两个四棱柱角,见图4-20(d);从左视图分析并联系主视图综合分析可知,第二次切割完之后的形体的左侧中部被挖掉一个四棱柱,见图4-20(e)。最终形体左侧倾斜表面的空间形状和投影图见图 4-20(f)。由此可以综合分析并想象该组合体的整体形状,见图 4-20(e)。

(3)绘制视图。

图 4-20(b)、(c)、(d) 和 (e) 是俯视图的作图过程。在补画俯视图时,先补画出形体切割前的俯视图,然后按组合体的切割过程,顺序逐一切割,每切割一次,修正一次视图,每次修正图线时一定要注意已有图线哪些需要改动,是增加、删除还是虚实变化。待按次数、顺序逐一切割完毕,按相应要求所作的俯视图即完成。

(4)检验、核对和描实。

为了检验核对所画俯视图是否正确,往往要对组合体上的那些投影面的垂直面进行投影分析。图 4-20(f) 对组合体的 A 表面进行了投影规律分析。A 面是正垂面,其水平投影 a 和左侧投影 a'' 一定是相仿形,而且边数、顶点数完全相同,各边保持平行。检验核实无误后,加深图线。

4.5.2　补画三视图中所缺的图线

补画三视图中所缺的图线是三视图读绘训练的另一基本方法。这种训练方法往往是在一个视图或两个视图中将组合体的某个局部细节给出,而在其他视图中遗漏相应的图线,训练读者把视图中遗漏的局部结构的投影线补全。这种训练再次说明组合体三视图是相互联系对应的,组合体的每个局部细节结构在三个视图中都有所体现,进一步强调绘三视图要对应同时画,切忌一个视图一个视图画,画完一个视图再画一个视图,那样作图速度会慢,而且容易遗漏局部细节结构。

例 4.4　如图 4-21(a)所示,补全形体三视图中所缺的图线。

解题分析及作图过程

(1)形体分析、线面分析、连接关系分析、定位分析和综合分析。

综合分析三视图可知,该形体的组合方式是切割组合。从主视图可知,该形体是一个四棱柱的左上角被切去一个三棱柱角,形成一个正垂面,见图 4-21(b)。从左视图结合俯视图分析可知,该四棱柱形体上部前后对称切掉两个四棱柱,形成两个正平面和水平面,见图 4-21(c)。从俯视图和主视图联系分析可知,该四棱柱左侧中部被切去一个四棱柱凹槽,形成两个正平面和一个侧平面,见图 4-21(d)。将三次切割综合起来分析可知,组合体的整体形状如图 4-21(e)所示。

(2)补绘视图。

按照三视图投影规律,逐一补画三视图中缺少的图线,结果如图 4-21(f)所示。

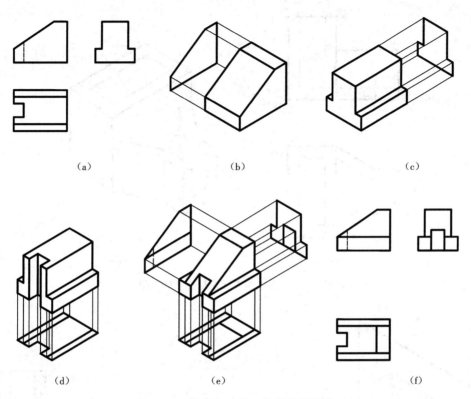

（a）　　　　　　　　（b）　　　　　　　　（c）

（d）　　　　　　　　（e）　　　　　　　　（f）

图 4 – 21　切割组合体三视图读画训练

4.6　剖面图

4.6.1　剖面图的形成

　　画形体的投影图时,形体内部的结构及被遮挡的部分外形需用虚线画出,因此,对于内部形状或构造比较复杂的形体,势必在投影图上出现较多的虚线,而虚线多了会给读图带来困难,又不便于标注尺寸。如图 4 – 22 所示,形体正立面图和平面图中的虚线即为此例。为了解决这个问题,工程中常采用作剖面图的方法,即假想将物体剖开,使原来看不见的内部结构成为可见的。

　　假想用剖切面剖开形体,将处在观察者和剖切面之间的部分移去,其余部分向相应的投影面投射,所得图形称为剖面图,简称剖面。如图 4 – 23 所示,假想用平面 P 将形体沿前后对称面切开,移去平面 P 前面的部分,将剩余部分向 V 面作投影,就得到了形体的 V 面剖面图。在剖面图上形体内部形状变为可见,原来不可见的虚线画成实线,为了分清楚形体剖切面与形体的接触部分(称为剖面区域)以及未接触的部分,在剖面区域内画上剖面线(45°细斜线)。

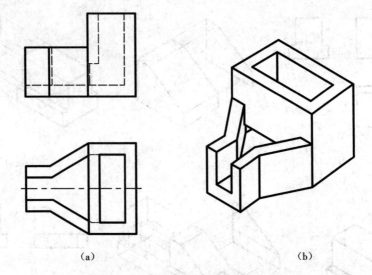

（a）　　　　　　　　　　　　　　　（b）

图 4 – 22　形体的二面投影图及轴测图

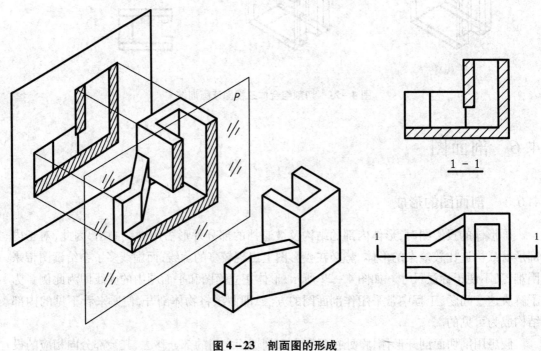

图 4 – 23　剖面图的形成

4.6.2　剖面图的画法

1. 剖切位置

剖切平面的位置应根据表达的需要来确定。一般情况下，剖切平面应平行于剖面图所在的投影面，且尽量通过形体的孔、槽等不可见部分的中心线，以便完整清晰地表达内部形状。如果形体具有对称平面，则剖切平面应通过该对称平面，如图 4 – 23 所示。

2. 剖面区域表示法

在剖面区域内,若不需要表示出材料的类别,可采用通用剖面线表示。通用剖面线用细实线绘制,并最好与剖面图的主要轮廓线或剖面区域内的对称线成 45°角,如图 4 − 24 所示。各剖面图中的 45°线的方向、间距应相同。

（a）与主要轮廓线成45°　　　　　　　　　　（b）与对称线成45°

图 4 − 24　剖面区域表示法(一)(通用剖面线的画法)

为了方便、快捷、清楚地表达某些剖面图,当剖面区域较大时,允许沿着剖面区域的轮廓画出部分剖面线,如图 4 − 25(a)所示;允许在剖面区域内用点阵或涂色代替通用剖面线,如图 4 − 25(b)所示;剖面区域内注写数字、字母等处的点阵式颜色必须断开;允许采用加粗轮廓线的方法突出表示剖面区域,如图 4 − 25(c)所示;窄剖面区域可全部涂黑表示,如图 4 − 25(d)所示;相邻两剖面区域之间必须留有不小于 0.7 mm 的间隙,如图 4 − 25(e)所示。

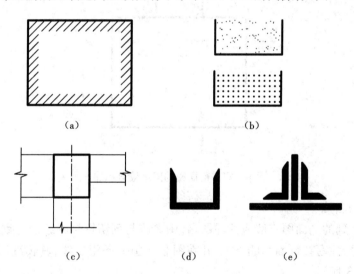

（a）　　　　　　　　　　　　　　　（b）

（c）　　　　　　　（d）　　　　　　（e）

图 4 − 25　剖面区域表示法(二)

3. 剖面图的标注

为了明确剖面图与有关视图的关系,一般在剖面图及相应的视图上加以标注,注明剖切位置、投影方向和剖面图名称。

1)剖切符号

剖切符号由剖切位置线和投射方向线组成,均应以粗实线绘制。剖切位置线的长度宜为 6 ~ 10 mm;投射方向线应垂直于剖切位置线,长度应短于剖切位置线,宜为 4 ~ 6 mm,如图 4 − 26 所示。绘制时,剖切位置符号不应与其他图线相接触。

剖切符号的编号宜采用阿拉伯数字或英文字母,按顺序由左至右、由上至下连续编排,并注写在投射方向线的端部,如图 4 - 26 所示。

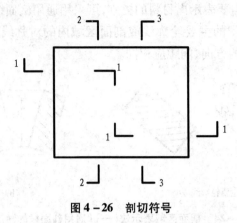

图 4 - 26　剖切符号

需要转折的剖切位置线应在转角的外侧加注与该符号相同的编号,如图 4 - 26 所示。

2)剖面图的图纸编号

剖面图如与被剖切图样不在同一张图纸内,可在剖切位置线投射方向的另一侧注明其所在图纸的编号,如图 4 - 27 所示,也可在图上集中说明。

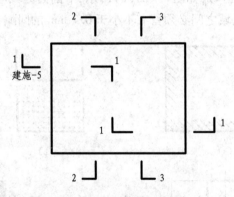

图 4 - 27　剖面图的图纸编号标注

3)剖面图的名称

剖切后所得到的剖面图一般应注写图名,图名应与剖切符号的编号一致,宜采用阿拉伯数字或英文字母,注写在剖面图的下方,并在图名下画一条粗实线,其长度以图名所占长度为准,如图 4 - 23 所示。

如果剖面图与被剖切视图之间按投影关系配置,剖面图也可不标注图名。

4. 画剖面图的注意事项

(1)由于剖面图的剖切是假想的,实际上形体并没有被剖开,所以把一个视图画成剖面图后,其他视图仍应完整画出,而且也不影响其他视图画剖面图。如图 4 - 28 所示,正立面图画剖面图后,不影响其平面图的完整性。

(2)画剖面图时,在剖切面后方可见的轮廓线都应画出,不能遗漏,也不可多线,如图 4 - 29 所示。

(3)为了使视图清晰,在剖面图上可省略不必要的虚线。如果必须画出虚线才能清楚地表示形体,仍应画出虚线。如图 4 - 30 所示,保留剖面图中的虚线,才能确定台面的位置。

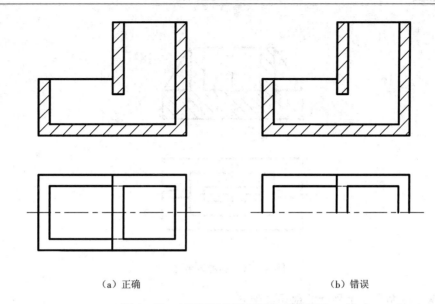

（a）正确　　　　　　　　　　　　　（b）错误

图 4 – 28　剖面图的正确画法与错误画法

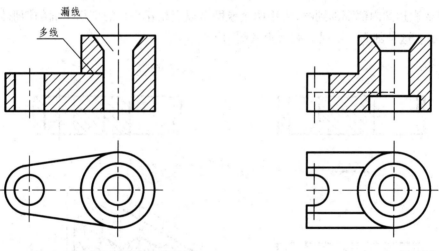

图 4 – 29　剖面图中的漏线和多线　　　　　　**图 4 – 30　剖面图中必要的虚线**

（4）当剖切平面通过支撑板及轮辐窄面的对称轴时，该部分按不剖绘制，如图 4 – 31 所示正面剖面图中，基础加劲肋按不剖绘制。

（5）《房屋建筑制图统一标准》（GB/T 50001—2010）规定：被剖切面切到部分的轮廓线用粗实线绘制，剖切面没有切到但沿投射方向可以看到的部分用中粗实线绘制。

4.6.3　常用的剖切方法

按剖切平面的多少和相对位置可分为一个剖切面剖切、两个或两个以上平行的剖切面剖切、两个或两个以上相交的剖切面剖切三种。

1. 用一个剖切面剖切

这种剖切方法适用于仅用单个平面剖切形体后，就能把相应方向的内部构造表达清楚的形体，如图 4 – 23 所示。

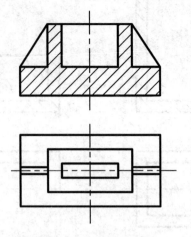

图4-31　肋的表示法

2. 用两个或两个以上平行的剖切面剖切

当形体的内部形状变化不止一处,而位置前后、上下或左右是错开的,一个剖切面不能将形体需要表达的内部都剖到时,可用两个或两个以上相互平行的剖切平面剖切形体,如图4-32所示。这种剖面图习惯上称为阶梯剖面图。

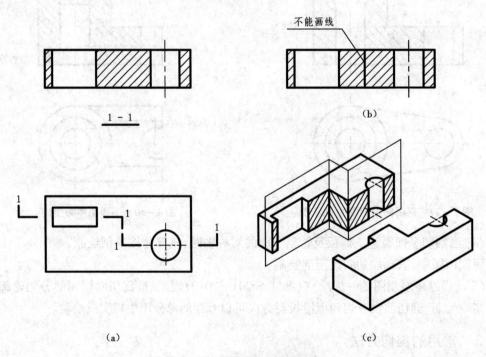

图4-32　用两个平行平面剖切

因为剖切是假想的,所以两个剖切平面的转折处不能画出分界线,图4-32(b)是错误的画法。还要注意的是,在剖面图上不应出现不完整的孔洞等元素,如图4-33(a)所示。当两个元素在图形上具有公共对称中心线或轴线时,可以以对称中心线或轴线为界各画一半,如图4-33(b)所示。

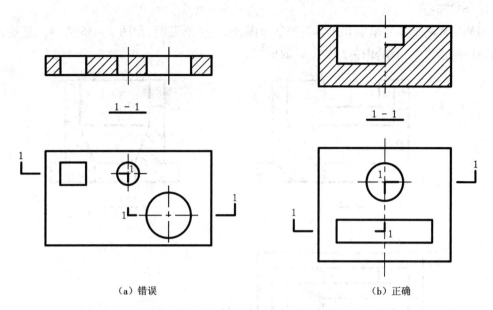

（a）错误　　　　　　　　　（b）正确

图 4 – 33　用两个平行平面剖切注意事项

3. 用两个或两个以上相交的剖切面剖切

当形体有明显的回转轴时,常用这种方式来表达内部形状。采用这种剖切方法画剖面图时,先假想按剖切位置剖开形体,然后将倾斜于投影面的剖面及其关联部分的形体绕剖切面的交线(投影面垂直线)旋转至与投影面平行后再进行投射,在剖切平面之后的其他结构形状一般仍按原来的位置投射。用此法剖切时,应在剖面图的图名后加注"展开"字样,如图 4 – 34 所示。

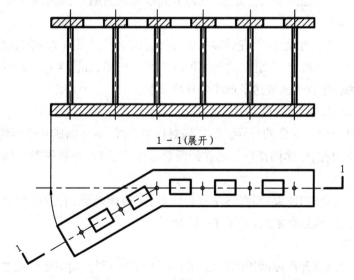

1 – 1(展开)

图 4 – 34　用两个或两个以上相交的剖切面剖切

4.6.4　剖面图的种类

剖面图可分为三类:全剖面图、半剖面图和局部剖面图。

1. 全剖面图

用剖切面将形体完全剖切所得到的剖面图,称为全剖面图,如图 4 – 35 所示。显然,全剖面图适用于外形简单、内部结构复杂的形体。

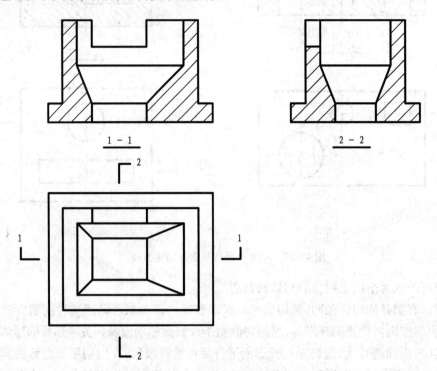

图 4 – 35 全剖面图

全剖面图一般应标注出剖切位置线、投射方向线和剖面编号,如图 4 – 35 所示。

2. 半剖面图

当形体具有对称平面时,在垂直对称平面的投影面上投射所得的视图,以对称中心线为界,一半画外形,另一半画成剖面图,这种图形称为半剖面图,如图 4 – 36 所示。这样就避免了重叠不清的虚线,并清楚地表达了形体内外的形状。

绘制半剖面图应注意以下几点:

(1)剖面部分与视图部分的分界线必须是对称中心线,不能画成其他图线;

(2)由于形体对称,形体内部形状已在剖面部分表达清楚,在视图部分的虚线可省略不画,只画外形线。

半剖面图中剖面图的位置:当图形左右对称时,左边画外形,右边画剖面;当图形前、后对称时,后边画外形,前边画剖面,如图 4 – 37 所示。

3. 局部剖面图

用剖切面局部地剖开形体所得的剖面图称为局部剖面图。用折断线或波浪线作为局部剖面图与视图的分界线。如图 4 – 38 所示,用局部剖面图来表示杯形基础的底板配筋。

工程中常用分层局部剖面图表达多层材料构成的形体,图 4 – 39 为用分层局部剖面图表示路面结构的分层做法。

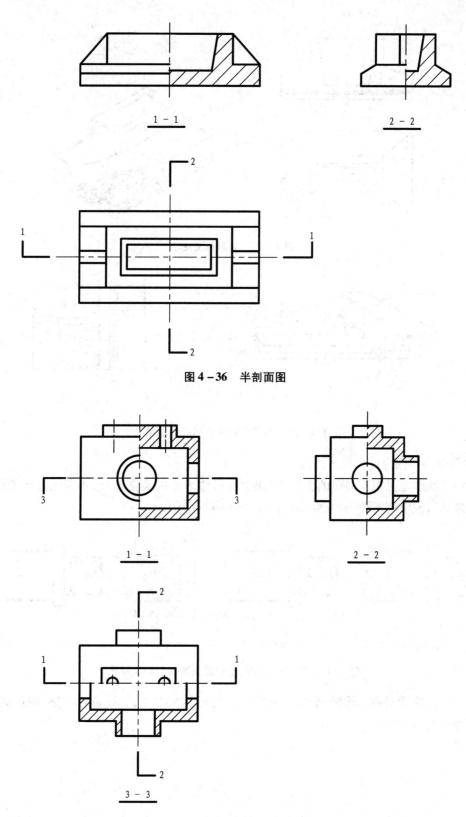

图 4 – 36　半剖面图

图 4 – 37　半剖面图中剖面图的位置

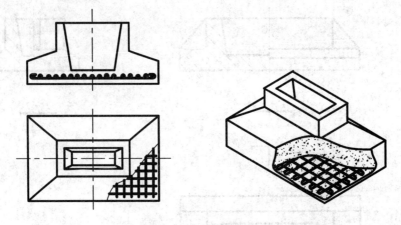

图 4 - 38　局部剖面图

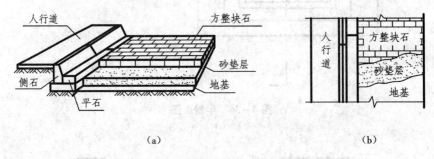

（a）　　　　　　　　　　　　　　　（b）

图 4 - 39　路面结构分层局部剖面图

画局部剖面图应注意以下几点：

（1）波浪线是假想断裂面的投影，只能画在形体表面的实体部分，不能超过图轮廓，也不能"悬空"，波浪线不要与轮廓线重合，如图 4 - 40 所示；

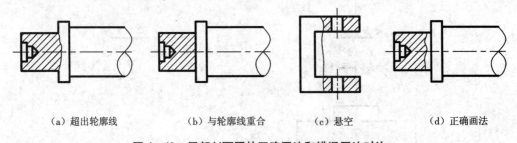

（a）超出轮廓线　　　（b）与轮廓线重合　　　（c）悬空　　　（d）正确画法

图 4 - 40　局部剖面图的正确画法和错误画法对比

（2）当形体为对称形体时，恰好有一轮廓线与对称线重合，不适合作半剖，应取局部剖面图，如图 4 - 41 所示。

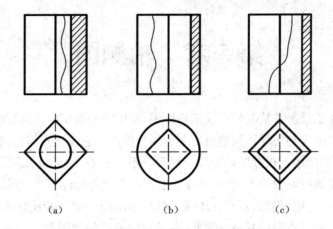

(a)　　　　　　(b)　　　　　　(c)

图 4 – 41　中心线与轮廓线重合的局部剖面图

第5章　轴测图

在工程中应用正投影法绘制的多面正投影图,可以完全确定物体的形状和大小,且作图简便,度量性好,依据这种图样可制造出所表示的物体。但它缺乏立体感,直观性较差,要想象物体的形状,需要运用正投影原理把几个视图联系起来看,缺乏读图知识的人难以看懂。而轴测图是一种单面投影图,在一个投影面上能同时反映出物体三个坐标面的形状,并接近于人们的视觉习惯,形象、逼真,富有立体感。但是轴测图一般不能反映出物体各表面的实形,因而度量性差,同时作图较复杂。因此,在工程中常把轴测图作为辅助图样来表达形体的立体构成,弥补正投影图的不足。

如图 5 - 1 所示为多面正投影与轴测图的对比。

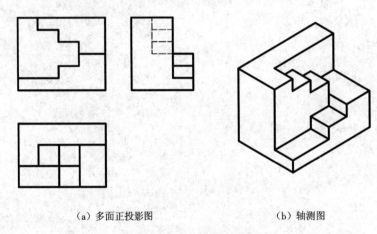

（a）多面正投影图　　　　　　　　　（b）轴测图

图 5 - 1　多面正投影图与轴测图

5.1　轴测图的基本概念

5.1.1　轴测图的形成

将物体连同其参考直角坐标系用平行投影法投射在单一投影面上所得到的具有立体感的图形称为轴测图。如图 5 - 2 所示,用正投影法形成的轴测图称为正轴测图;用斜投影法形成的轴测图称为斜轴测图。

5.1.2　轴间角和轴向伸缩系数

（1）轴间角:每两个轴测轴间的夹角,称为轴间角,即 $\angle XOY$、$\angle XOZ$、$\angle YOZ$。

（2）轴向伸缩系数:轴测轴上的单位长度与相应空间直角坐标轴上的单位长度之比,称为轴向伸缩系数。X、Y、Z 方向的轴向伸缩系数分别用 p、q、r 表示。如图 5 - 2 所示,$\dfrac{OA}{O_1 A_1} =$

p 称为 X 轴向的伸缩系数；$\dfrac{OB}{O_1B_1}=q$ 称为 Y 轴向的伸缩系数；$\dfrac{OC}{O_1C_1}=r$ 称为 Z 轴向的伸缩系数。

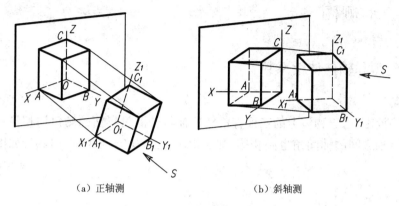

(a) 正轴测　　　　　　　　　　　　(b) 斜轴测

图 5 - 2　轴测图的形成

5.1.3　轴测图的分类

根据轴向伸缩系数的不同，轴测图又可分为等测、二测和三测轴测图。

1. 正轴测投影(投影方向垂直于轴测投影面)

(1)正等轴测投影(简称正等测)：轴向伸缩系数 $p=q=r$。

(2)正二轴测投影(简称正二测)：两个轴向伸缩系数相等($p=q\neq r$ 或 $p=r\neq q$ 或 $q=r$ $\neq p$)。

(3)正三轴测投影(简称正三测)：轴向伸缩系数 $p\neq q\neq r$。

2. 斜轴测投影(投影方向倾斜于轴测投影面)

(1)斜等轴测投影(简称斜等测)：轴向伸缩系数 $p=q=r$。

(2)斜二轴测投影(简称斜二测)：轴测投影面平行于一个坐标平面，且平行于坐标平面的两根轴的轴向伸缩系数相等($p=q\neq r$ 或 $p=r\neq q$ 或 $q=r\neq p$)。

(3)斜三轴测投影(简称斜三测)：轴向伸缩系数 $p\neq q\neq r$。

工程上主要使用正等测、斜二测和斜等测，本章也只介绍这几种轴测图的画法。

5.1.4　轴测投影的基本特性

由于轴测投影属于平行投影，因此它具有平行投影的全部特性，以下几点基本特性在绘制轴测图时经常使用，应加以理解和掌握。

1. 平行性

物体上相互平行的两条直线的轴测投影仍相互平行。同理，物体上与坐标轴平行的直线，在轴测图中也必定与相应的轴测轴平行。

2. 定比性

空间中两平行线段或者同一直线上的两线段长度之比在轴测投影图中保持不变。

3. 沿坐标轴的轴向长度可以按伸缩系数进行度量

由于平行线的轴测投影仍互相平行，因此，物体上凡是平行于 OX、OY、OZ 轴的线段，其

轴测投影必平行于 OX、OY、OZ 轴,且具有和 OX、OY、OZ 轴相同的轴向伸缩系数。在轴测图中,只有沿轴测轴方向才可以测量长度,这就是"轴测"二字的含义。

5.2 正等轴测图

5.2.1 轴间角和轴向伸缩系数

1. 轴间角

正等轴测投影,由于物体上的三根直角坐标轴与轴测投影面的倾角均相等,因此,与之相对应的轴测轴之间的轴间角也必相等,即 $\angle XOY = \angle YOZ = \angle XOZ = 120°$,如图 5 – 3(a)所示。

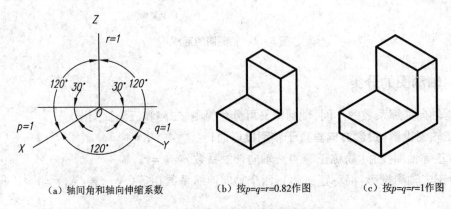

（a）轴间角和轴向伸缩系数　　（b）按 $p=q=r=0.82$ 作图　　（c）按 $p=q=r=1$ 作图

图 5 – 3　正等轴测图的轴间角和轴向伸缩系数

2. 轴向伸缩系数

正等轴测投影中 OX、OY、OZ 轴的轴向伸缩系数相等,即 $p = q = r$。经数学推导得: $p = q = r \approx 0.82$。为作图方便,取简化轴向伸缩系数 $p = q = r = 1$,这样,画出的图形,在沿各轴向长度上均分别放大到 $1/0.82 \approx 1.22$ 倍,如图 5 – 3(c)所示。

5.2.2 平面立体的正等轴测图的画法

1. 坐标法

根据立体上各点的坐标值画出各顶点的轴测投影,然后连接轮廓线形成立体的轴测投影。

例 5.1　作图 5 – 4(a)所示的三棱锥的正等轴测图。

解题分析

对图 5 – 4(a)中的形体引入坐标系 $OXYZ$,这样就确定了三棱锥各顶点的坐标,进而可以根据各顶点的坐标值绘制轴测图。

作图过程

(1)在三棱锥上确定坐标轴和原点。

(2)绘制轴测轴,按照轴向确定底面各顶点以及锥顶 S 在底面的投影 s,如图 5 – 4(b)所示。

（3）沿 Z 向确定锥顶 S，如图 5-4（c）所示。

（4）连接各顶点，完成作图。在轴测图中一般不画虚线，有时为了增加立体感，允许绘制少量的虚线，如图 5-4（d）所示。

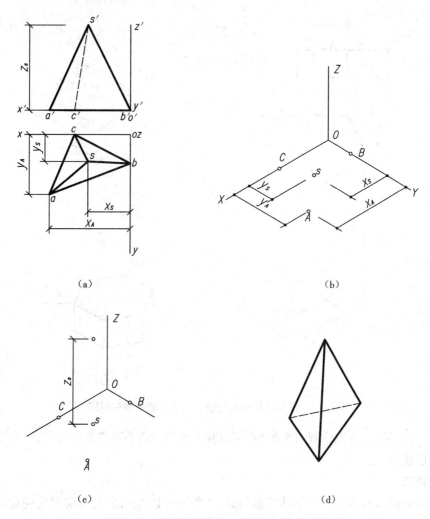

（a）　　　　　　　　　　（b）

（c）　　　　　　　　　　（d）

图 5-4　用坐标法绘制三棱锥的正等轴测图

2. 端面延伸法

对于棱柱体，绘制轴测图时可以先画出其反映特征的一个可见端面，然后将该端面延伸，画出可见的棱线及不可见端面上的可见底边。

例 5.2　作图 5-5（a）所示正六棱柱的正等轴测图。

解题分析

正棱柱的前后、左右都有对称线，因此可以把坐标原点设在顶面的中心处，顶面在正等轴测图中可见，故先绘制顶面。

作图过程

（1）在视图中建立坐标轴和原点。

（2）绘制轴测轴，根据尺寸 a 和 b 确定点 Ⅰ、Ⅱ、Ⅲ和Ⅳ，如图 5-5（b）。

(3)过点Ⅰ、Ⅱ作 OX 轴的平行线,并在Ⅰ、Ⅱ两边各取 $c/2$,连接各顶点,如图5-5(c)。

(4)过各顶点向下延伸画出可见的侧棱线(高度为 h)和下底面的可见边,结果如图5-5(d)所示。

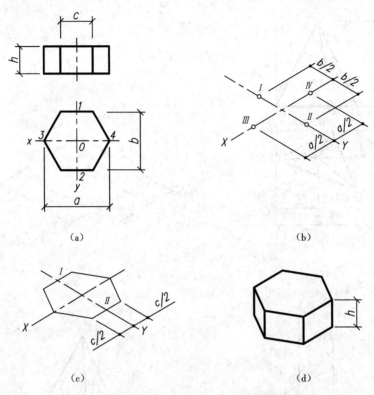

(a)　　　　　　　　　　　　　　(b)

(c)　　　　　　　　　　　　　　(d)

图5-5　用端面延伸法绘制正六棱柱的正等轴测图

从图5-5看出,首先绘制可见的面,可以减少作图过程中不必要的作图线,在实际练习中需要加以注意。

3. 切割法

有些形体可以看作由简单形体切割而成,作图时可以先画出没有切割的完整的简单形体,进而通过切割形成实际形体的轴测图。

例5.3　作图5-6(a)所示的形体的正等轴测图。

解题分析

该形体可看成在左上方切掉一个长方体,然后再由一铅垂面切去左前角而形成。

作图过程

(1)首先绘制完整的长方体的正等轴测图,并根据轴向的尺寸 h_2 和 l_3 切去左上方,如图5-6(b)所示。

(2)沿轴向量取尺寸 b_2 和 l_2,切去左前角,如图5-6(c)所示。

(3)擦除多余的作图线,加深可见的轮廓线,结果如图5-6(d)所示。

4. 叠加法

有些形体可以看作由几个简单形体叠加而成。作图时,一般先画较大的形体,然后在此基础上叠加上其他的部分,形成完整的形体。

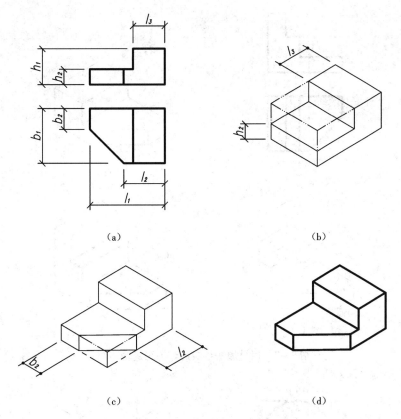

（a）　　　　　　　　　　　　（b）

（c）　　　　　　　　　　　　（d）

图 5 – 6　用切割法绘制形体的正等轴测图

例 5.4　作图 5 – 7（a）所示形体的正等轴测图。

解题分析

该形体可看成在图 5 – 6 上方叠加了一个长方体，绘制时可以首先按照图 5 – 6 的绘制过程先绘制下面的形体，然后根据两者的相互关系叠加新的部分形成整体。

作图过程

（1）按照图 5 – 6 的绘制过程绘制下面的形体。

（2）以上表面为基准，绘制上面的长方体，如图 5 – 7（c）所示。

（3）擦除多余的作图线，加深可见的轮廓线，形成完整形体的正等轴测图如图 5 – 7（d）所示。

在实际作图过程中，某些形体可能需要综合几种方法来进行轴测图的绘制，如图 5 – 7 所示，其中既有切割法又有叠加法，作图时需要根据形体的具体特点进行绘制。

5.2.3　曲面立体正等轴测图的画法

绘制曲面立体的正等轴测图时，首先需要掌握各种位置圆的正等轴测图的画法。

1. 平行于坐标面圆的正等轴测图的画法

平行于三个坐标面的圆的正等轴测投影都是椭圆，实际作图时，一般采用简化画法，即用四段彼此相切的圆弧来代替椭圆，称作四心法。

如图 5 – 8 所示，为一水平圆采用四心法绘制正等轴测投影的作图过程。

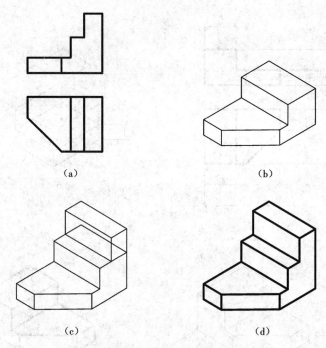

图 5 - 7　用叠加法绘制形体的正等轴测图

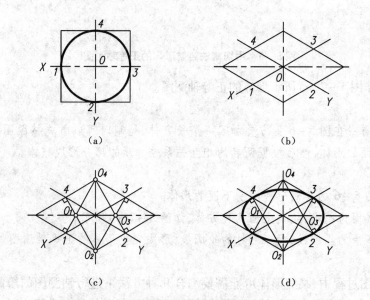

图 5 - 8　水平圆的正等轴测椭圆的四心法画法

（1）以圆心为原点建立坐标轴,作外切正方形,切点为 1、2、3、4,如图 5 - 8(a)所示。

（2）绘制轴测轴,沿轴向作出外切正方形的轴测图(为一菱形),连接菱形的对角线,如图 5 - 8(b)所示。

（3）过切点 1、2、3、4 作菱形各边的垂线,得到交点 O_1、O_2、O_3、O_4,其即为四心法的四个圆心。O_2、O_4 为菱形对角线的顶点;O_1、O_3 处于菱形的长对角线上,如图 5 - 8(c)所示。

（4）以 O_2、O_4 为圆心,$O_2 4(O_4 1)$ 为半径画出大圆弧 34 和 12;以 O_1、O_3 为圆心,$O_1 1(O_3 2)$

为半径画出小圆弧 41 和 23。四段圆弧彼此相切构成近似椭圆,如图 5 – 8(d)所示。

平行于其他两个坐标面的圆的正等轴测投影的画法与此相同,区别是圆的中心线所平行的坐标轴不同,因此菱形的方向和椭圆的长短轴方向也不相同,如图 5 – 9 所示。

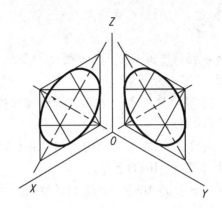

图 5 – 9　正平圆和侧平圆的正等轴测图

2. 圆角的正等轴测图的画法

平行于坐标面的圆角,实际上是四分之一圆,其正等轴测投影对应于四心法绘制的椭圆中的一段圆弧,从图 5 – 8 中圆角和圆弧的对应关系也可以看出。

例 5.5　作图 5 – 10(a)中所示形体的正等轴测图。

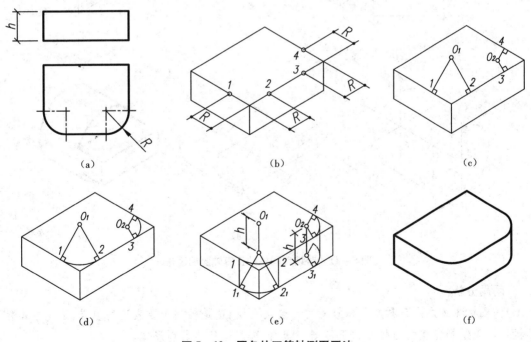

（a）　　　　　　　　　　（b）　　　　　　　　　　（c）

（d）　　　　　　　　　　（e）　　　　　　　　　　（f）

图 5 – 10　圆角的正等轴测图画法

解题分析

该形体可看作一个长方体在左前方和右前方切割成圆角,作图时可以先绘制完整的长方体,然后再绘制圆角。

作图过程

(1)绘制长方体的正等轴测图,并根据圆角半径 R,在顶面相应的边上定出切点 1、2 和 3、4,如图 5 - 10(b)所示。

(2)过切点 1、2 分别作出相应边的垂线得交点 O_1;过切点 3、4 作相应边的垂线得交点 O_2,如图 5 - 10(c)所示。

(3)以 O_1 为圆心,$O_1 1$ 为半径作圆弧 12;以 O_2 为圆心,$O_2 3$ 为半径作圆弧 34。这样就得到顶面圆角的轴测图,如图 5 - 10(d)所示。

(4)将圆心 O_1、O_2 及切点下移厚度 h,再用与顶面圆弧相同的半径分别作圆弧,即得底面圆角的轴测图,如图 5 - 10(e)所示。

(5)作右端上、下小圆弧的公切线,擦去多余的作图线并加深可见的轮廓线,这样就得到带圆角形体的正等轴测图,如图 5 - 10(f)所示。

例 5.6　作图 5 - 11(a)所示带切口圆柱体的正等轴测图。

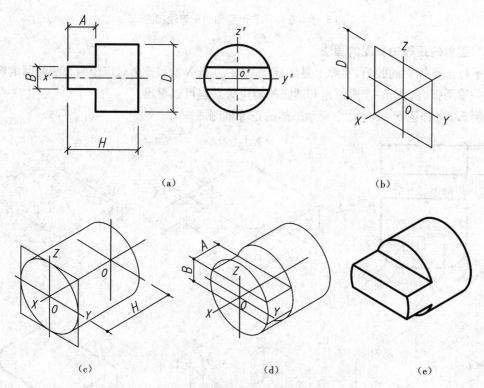

(a)　　　　　　　　　(b)

(c)　　　　　　　(d)　　　　　　(e)

图 5 - 11　带切口圆柱的正等轴测图画法

解题分析

该圆柱体的左上角和左下角被对称地切去两块,这是轴测图要表达的重点,因此在画轴测图时,先绘制完整的圆柱体的正等测,然后再按切口尺寸切割形体。

作图过程

(1)将坐标原点定在左端圆心处,使 X 轴与圆柱体轴线重合,如图 5 - 11(a)所示。

(2)绘制轴测轴 OX、OY 和 OZ,以圆柱体的直径 D 为边长作菱形,如图 5 - 11(b)所示。

(3)用四心法画出左端面的椭圆,根据圆柱体的高度 H 作出右端面椭圆的可见部分,并作两端面椭圆的公切线,如图 5 – 11(c)所示。

(4)将左端面椭圆的四个圆心沿 *OX* 轴向右平移距离 *A*,作截断面椭圆;根据尺寸 *B* 画出切口部分,如图 5 – 11(d)所示。

(5)擦除多余的作图线,加深可见的轮廓线,完成带切口圆柱体的正等轴测图,如图 5 – 11(e)所示。

5.3　斜轴测图

5.3.1　轴间角和轴向伸缩系数

斜轴测图中,最常采用的是正面斜二测和水平斜等测,它们的轴间角和轴向伸缩系数如图 5 – 12 所示。其轴测轴的方向都是特殊角,可以用丁字尺和三角板直接作出。

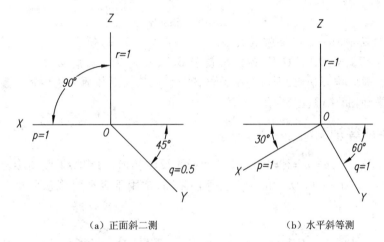

（a）正面斜二测　　　　　　　　　（b）水平斜等测

图 5 – 12　斜轴测图的轴间角和轴向伸缩系数

正面斜二轴测图(简称正面斜二测):轴测投影面平行于 *V* 投影面,因此 $\angle XOZ = 90°$,$p = r = 1$,$q = 0.5$,如图 5 – 12(a)所示。

水平斜等轴测图(简称水平斜等测):轴测投影面平行于 *H* 投影面,因此 $\angle XOY = 90°$,$p = q = r = 1$;*OX* 轴与水平方向的夹角可以取 30°、45°、60°等,如图 5 – 12(b)所示。

斜轴测图的基本画法与正轴测图相同,其最大的优点是平行于轴测投影面的图形反映实形,因而适于绘制某个方向表面复杂或者为圆形的形体。

5.3.2　正面斜二轴测图

正面斜二轴测图由于 $\angle XOZ = 90°$,$p = r = 1$,即正平面上的图形反映实形,因此作图时可以充分利用这一特点。

例 5.7　作图 5 – 13(a)所示形体的正面斜二轴测图。

解题分析

该形体的 *V* 面投影中有圆和圆弧,在正面斜二测中反映实形,前后端面距离为 *B*,平行于 *OY* 轴。轴测图中,前端面的图形可见,后端面圆和圆弧有一部分可见。

作图过程

(1)将前端面的圆心定为轴测原点,同时画出轴测轴,如图 5 – 13(a)所示。

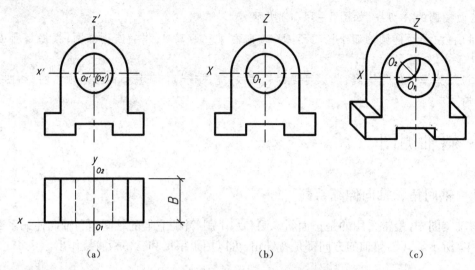

图5-13 正面斜二轴测图的画法

(2)将反映实形的 V 面投影按照实形绘制,如图5-13(b)所示。

(3)从前端面圆心 O_1 沿 O_1Y_1 轴方向量取 B/2,确定后端面的圆心 O_2,绘制可见的圆弧,外部可见圆弧间作公切线;同时将平面体部分按照端面延伸的方法绘制。整理加深可见的轮廓线,结果如图5-13(c)所示。

5.3.3 水平斜等轴测图

因为 $\angle XOY = 90°$,$p = q = r = 1$,所以 H 面投影反映实形,只需将平面图旋转一定的角度后作出高度即可。图5-14 所示的水平斜等轴测图,常用于表现建筑总平面中建筑群的鸟瞰图。

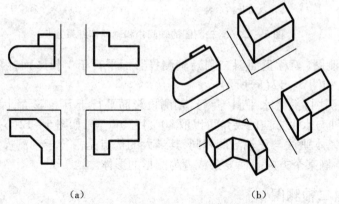

(a)   (b)

图5-14 建筑群的水平斜等轴测图

5.4 轴测图的选择

绘制轴测图时,首先要解决的是选用哪种轴测图来表达形体。正等测图、正二测图和斜二测图由于它们的投射方向与轴测投影面之间的角度以及投射方向与坐标平面之间的角度均有所不同,形体本身的形状也会影响立体效果,所以在选择时应该考虑画出的图样要有较强的立体感,而不能有大的变形,且要符合日常的视觉效果;同时还要考虑从哪个方向去观察形体,才能使形体的特征部位显示出来。

5.4.1 轴测类型的选择

(1)轴测图都可根据正投影图来绘制,在正投影图中如果物体的表面有和水平方向成45°的面时,就不应采用正等轴测图。因为这种方向的平面在正等轴测图上积聚为一条直线,平面显示不出来,削弱了图形的立体感,因此应采用正面斜二测图或正二测图,如图 5 - 15 所示,正二测图比正等轴测圆的立体感好。

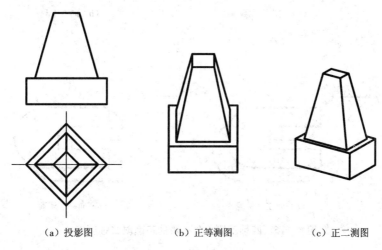

（a）投影图 　　　　　（b）正等测图 　　　　　（c）正二测图

图 5 - 15　轴测图的选择

(2)正等测图的轴间角和轴向伸缩系数均各自相等,故平行于三个坐标平面的圆的轴测投影(椭圆)的画法相同,且作图较简便。因此,立体上三个方向都有圆时宜采用正等测图。

(3)凡平行于 V 面的圆或曲线,在正面斜二测图中,其轴测投影反映实形,画法较为简便。因此,凡有正平圆或平行于 V 面曲线的立体,以采用正面斜二测为宜。

5.4.2 投射方向的选择

在确定了轴测图的类型以后,还须根据物体的形状选择一适当的投影方向,使需要表达的部分最为明显。投射方向的选择,相当于观察者选择从哪个方向观察物体。如图 5 - 16 所示,画出了四种不同观察方向的斜二测图。

从图 5 - 16 可以看出,实际表达形体时,除了选择轴测图的类型外,还可以进一步根据所要表达部位选择相应的投影方向来表达形体的特征部位。

图 5 - 17 所示为物体从不同方向投影所得的三个正等测图。其中图(b)主要显示物体的上、前、左部分;图(c)显示物体的上、前、右部分;图(d)显示物体的底、前、右部分。从表现形体的特征来看,图(b)最好,图(c)次之。图(d)主要表现物体底部的形状,底部为一平板,而复杂的部分未表达出来,所以较差。

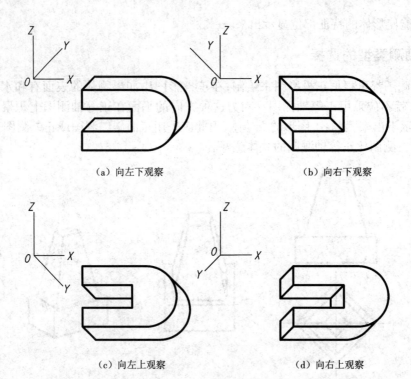

（a）向左下观察　　　　　　　　　　（b）向右下观察

（c）向左上观察　　　　　　　　　　（d）向右上观察

图 5－16　四种不同方向投影的正面斜二轴测图

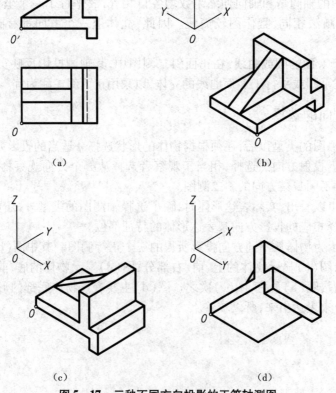

（a）　　　　　　　　　　　　　（b）

（c）　　　　　　　　　　　　　（d）

图 5－17　三种不同方向投影的正等轴测图

第6章　建筑施工图

6.1　概述

建造一幢房屋要经历设计和施工两个阶段。设计房屋时,房屋的内外形状、大小、结构、构造、装修、设备等内容均需用图表示出来,这些图都是依据投影原理绘制的,统称为房屋工程图。按照有关建筑制图的国家标准,详细、准确地画出的用于指导房屋建造、安装的工程图,称为施工图。

6.1.1　房屋的分类

房屋是供人们生活、生产、工作、学习和娱乐的场所。按其使用性质可分为工业建筑(如机械制造厂的各种厂房、仓库、动力车间等)、农业建筑(如谷仓、饲养场)以及民用建筑三大类。其中民用建筑又可分为居住建筑(如住宅、宿舍、公寓等)和公共建筑(如商场、旅馆、剧院、体育馆等)。各类房屋用工程图样表达的原理和方法是基本相同的,本章以民用建筑为例介绍建筑施工图。

6.1.2　房屋的组成及其作用

图6-1所示为一独栋别墅的轴测图,其结构形式是由钢筋混凝土楼板和承重砖墙组成的混合结构。由图可知一幢房屋主要由基础、墙或柱、楼面与地面、楼梯、门窗、屋面六大部分组成,这些不同的组成部分发挥着各自不同的作用。

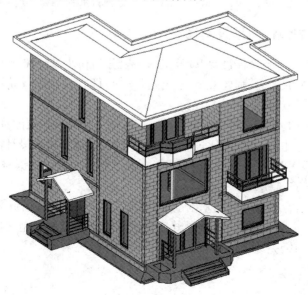

图6-1　三层别墅效果图

1. 基础

基础是建筑物与土层直接接触的部分,承受建筑物的全部荷载,并把它们传给地基(地基是基础下面的土层,承受由基础传来的整个建筑物的重量,但地基不是房屋的组成部分)。

2. 墙

墙分为外墙和内墙:位于房屋四周的墙称为外墙,外墙有防风、雨、雪的侵袭和保温、隔热的作用,故又称外围护墙;位于房屋内部的墙称为内墙,起分隔房间的作用。

另外墙又有承重墙和非承重墙之分:承受上部荷载的墙称为承重墙,不承受荷载的墙称为非承重墙。

3. 楼面与地面

楼面与地面是水平方向分割建筑空间的承重构件。楼面是二层及以上各层的水平分割构件,承受家具、设备和人的重量,并把这些荷载传给墙和柱。地面是指第一层使用的水平构件,承受第一层房间的荷载。

4. 楼梯与台阶

楼梯是楼房的垂直交通设施,供人们上下楼层和紧急疏散之用。台阶是室内外高差的构造处理方式,同时也供室内外交通之用。

5. 门窗

门主要用于交通联系和分割房间,窗主要用于采光和通风。门和窗作为房屋围护构件,还有阻止风、霜、雨、雪等侵蚀以及隔声的作用。门窗是建筑外观的一部分,它们的大小、比例、色彩还能对建筑立面处理和室内装饰产生艺术影响。

6. 屋面

屋面是房屋顶部的围护和承重构件,由承重层、防水层和其他构造层(如根据气候特点所设置的保温隔热层、为了避免防水层受自然气候的直接影响和使用时的磨损所设置的保护层、为了防止室内水蒸气渗入保温层而加设的隔汽层等)组成。

此外,还有起着排水作用的天沟、雨水管、散水、明沟等,起保护墙身作用的勒脚和防潮层等,以及供远眺、晾晒之用,同时也起到立面造型效果的阳台等。

6.1.3　房屋建筑的设计阶段及其图纸

建造房屋必须经过一个设计过程,设计工作一般分为初步设计和施工图设计两个阶段。对于大型的、较为复杂的工程,则要采用三个设计阶段,即在两个设计阶段之间增加一个技术设计阶段。

初步设计阶段:一般需经过资料收集、调查研究等一系列设计前的准备工作,然后提出设计方案,有时需提出几个方案,经比较后确定设计方案,绘制初步设计图纸。初步设计的图纸主要有建筑总平面图,房屋主要的平面图、立面图和剖面图。根据需要,也可辅以形象、直观的建筑透视图或建筑模型。

施工图设计阶段:在初步设计的基础上,各专业工种进行深入、细致的设计,完成建筑设计、结构设计,水、暖、电等设备设计,绘制出各专业工种的施工图。施工图是建造房屋的技术依据,应做到整套图纸完整统一、细致齐全、明确无误。

6.1.4　施工图的分类

一套完整的房屋工程图依其内容和作用的不同,可分为三类。

（1）建筑施工图（简称建施），包括建筑总平面图、建筑平面图、建筑立面图、建筑剖面图和建筑详图。

（2）结构施工图（简称结施），包括基础图、上部结构平面布置图和结构构件详图。

（3）设备施工图（简称设施），包括建筑给水排水、建筑采暖通风、建筑电气等设备专业的总平面图、平面图、系统图以及制作详图等。

本章只介绍建筑施工图。

6.1.5　建筑施工图的有关规定

将一幢拟建房屋的内外形状和大小以及各部分的结构、构造、装修、设备等内容，按照国标的规定，用正投影方法详细准确地画出的图样称作建筑施工图。

建筑施工图除了符合正投影的原理外，为了保证制图质量、提高效率，使施工图表达统一和便于识读，在绘制施工图时，还应严格遵守《房屋建筑制图统一标准》（GB/T 50001—2010）、《总图制图标准》（GB/T 50103—2010）、《建筑制图标准》（GB/T 50104—2010）等的规定。

现选择下列几项来说明它的主要规定和表示方法。

1. 图线

为了使绘制的图样重点突出、活泼美观，建筑图常采用不同线型和宽度的图线来表达。不同线型、线宽在建筑施工图中用途不同，如表 6 - 1 所示。

表 6 - 1　不同线型、线宽图线的用途

名称		线宽	用途
实线	粗	b	（1）平、剖面图中被剖切的主要建筑构造（包括构配件）的轮廓线 （2）建筑立面图或室内立面图的外轮廓线 （3）建筑构造详图中被剖切的主要部分的轮廓线 （4）建筑构配件详图中的外轮廓线 （5）平、立、剖面图的剖切符号
	中粗	$0.7b$	（1）平、剖面图中被剖切的次要建筑构造（包括构配件）的轮廓线 （2）建筑平、立、剖面图中建筑构配件的轮廓线 （3）建筑构造详图及建筑构配件详图中的一般轮廓线
	中	$0.5b$	小于 $0.7b$ 的图形线、尺寸线、尺寸界线、索引符号、标高符号、详图材料做法引出线、粉刷线、保温层线、地面和墙面的高差分界线等
	细	$0.25b$	图例填充线、家具线、纹样线等
虚线	中粗	$0.7b$	（1）建筑构造详图及建筑构配件不可见的轮廓线 （2）平面图中的起重机（吊车）轮廓线 （3）拟扩建的建筑物轮廓线
	中	$0.5b$	投影线、小于 $0.7b$ 的不可见轮廓线
	细	$0.25b$	图例填充线、家具线等
单点长画线	粗	b	起重机（吊车）轨道线
	细	$0.25b$	中心线、对称线、定位轴线
折断线	细	$0.25b$	部分省略表示时的断开界线
波浪线	细	$0.25b$	（1）部分省略表示时的断开界线，曲线形构件断开界线 （2）构造层次的断开界线

注：地坪线宽常采用 $1.4b$。

2. 比例

由于建筑物是庞大和复杂的形体,施工图常用各种不同缩小的比例来绘制,但特别细小的部分有时不缩小,甚至需要放大画出。如常用 1:100、1:200 的比例绘制平面、立面、剖面图以及表达房屋内外的总体形状,用 1:50、1:30、1:20、……、1:1 的比例绘制某些房间布置、构配件详图和局部构造详图,如表 6-2 所示。

表 6-2　建筑施工图常用比例

图名	常用比例
总平面图	1:500,1:1 000,1:2 000
平面图、立面图、剖面图	1:50,1:100,1:150,1:200,1:300
局部放大图	1:10,1:20,1:25,1:30,1:50
配件及构造详图	1:1,1:2,1:5,1:10,1:15,1:20,1:25,1:30,1:50

3. 定位轴线及其编号

定位轴线是用来确定建筑物的主要承重构件位置的基准线,是施工定位、放线的重要依据。如图 6-2 所示,定位轴线采用细单点长画线表示,并进行编号。在轴线的端部画细实线圆圈(直径 8~10 mm)圈内注写编号。平面图上定位轴线的横向编号自左向右顺序采用阿拉伯数字编写,竖向编号自下而上顺序采用大写拉丁字母编写(其中 I、O、Z 三个字母不得用于轴线编号,以免与数字 1、0、2 混淆)。字母数量不够用时,可用双字母或单字母加下脚标,如 AA、BB 或 A_1B_1 等。

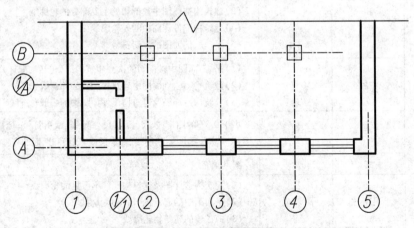

图 6-2　定位轴线编号顺序

对于一些次要构件,常用附加轴线定位。有时也可注明其与附近轴线的有关尺寸来确定。附加轴线编号用分数表示,分母表示前一轴线的编号,分子表示附加轴线的编号(用阿拉伯数字顺序编号)。如果 1 号轴线或 A 号轴线之前还需要设附加轴线,分母以 01,0A 分别表示位于 1 号轴线或 A 号轴线前的附加轴线。

4. 索引符号和详图符号

为了施工时便于查阅详图,在建筑物的平面图、立面图、剖面图中某些需要绘制详图的地方,应注明详图的编号和详图所在图纸的编号,这种符号称为索引符号;在详图中也应注明详图的编号和被索引的详图所在图纸的编号,这种符号称为详图符号。将索引符号和详图符号联系起来,就能顺利、方便地查找详图,以便施工。

1)索引符号

索引符号的形式如图 6 - 3(a)所示,它由直径为 10 mm 的圆、水平直径及引出线组成(均采用细实线)。

(1)详图与被索引的图样在同一张图纸上,索引符号的上半圆中用阿拉伯数字注明详图的编号,并在下半圆中画一水平细实线,如图 6 - 3(b)表示 8 号详图就在本张图纸内。

(2)详图与被索引的图样不在同一张图纸内,上半圆中仍为详图的编号,下半圆中注明该详图所在图纸的编号,如图 6 - 3(c)表示索引出的 6 号详图在图号为 12 的图纸中。

(3)索引出的详图如采用标准图,应在水平直径的延长线上加注标准图册的编号,如图 6 - 3(d)表示索引出的详图是在代号为 88J6 的标准图集第 25 页中的 12 号详图。

(4)索引符号如用于索引剖面详图,应在被剖切的部位绘制剖切位置线(粗实线),引出线所在的一侧应为投射方向。索引符号的编写同(1)(2)(3)的规定,如图 6 - 3(e)所示。

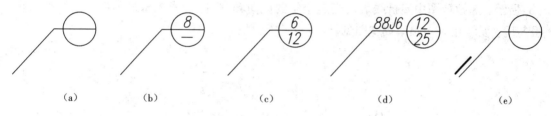

（a）　　　　　（b）　　　　　（c）　　　　　（d）　　　　　（e）

图 6 - 3　详图索引符号

2)详图符号

详图符号是详图的标志,常作为图名注在详图的下方。它以粗实线圆和相应的标注组成,圆的直径为 14 mm,如图 6 - 4 所示。

(1)详图与被索引的图样同在一张图纸内时,在圆中注明详图编号即可,如图 6 - 4(a)表示该详图是本张图纸中的 5 号详图,被索引的图在本张图纸中。

(2)详图与被索引的图样不在同一张图纸内时,应用细实线在详图符号内画一水平直径,上半圆中注明详图编号,下半圆中注明被索引图纸的编号,如图 6 - 4(b)表示被索引的6 号详图在编号为 10 的图纸内。

5. 尺寸和标高

《建筑制图标准》(GB/T 50104—2010)规定:尺寸分为总尺寸、定位尺寸和细部尺寸,绘图时应根据设计深度和图纸用途确定所需注写的尺寸。建筑施工图中的尺寸单位,除标高及建筑总平面图中以 m 为单位,其余一律以 mm 为单位。

标高是标注建筑物高度的一种尺寸形式,有绝对标高和相对标高之分。绝对标高是我国以青岛市外的黄海平均海平面作为零点而测定的高度。相对标高是将房屋首层的室内主要地面作为零点而测定的高度。标高符号用细实线绘制,符号中三角形为等腰直角三角形,三角形高约 3 mm,如图 6 - 5(a)所示。在图中用标高符号加注标高数字表示,如图 6 - 5(b)所示。

在房屋建筑施工图中,一般采用相对标高,标高数字注写到小数点后第 3 位。零点标高

注写成 ±0.000,负标高数字前必须加注"－",正数标高前不写"＋"。总平面图中,一般采用绝对标高,标高数字注写到小数点后 2 位。总平面图室外地坪标高符号用涂黑的三角形表示,如图 6 – 5(c)所示。

图 6 – 4　详图符号　　　　　　　　　　　　图 6 – 5　标高符号

6. 指北针及风向频率玫瑰图

指北针:在首层(或一层)建筑平面图上,应画上指北针。单独的指北针,其细实线圆的直径一般以 24 mm 为宜,指针尾端的宽度宜为直径的 1/8,指针头部指向北方,应注"北"或"N",如图 6 – 6(a)所示。

风玫瑰图:在建筑总平面图中,通常应按当地实际情况绘制风向频率玫瑰图,如图 6 – 6 (b)所示。风玫瑰图中实折线表示当地全年的风向频率,虚折线表示夏季的风向频率。全国各地主要城市风向频率玫瑰图见《建筑设计资料集》。

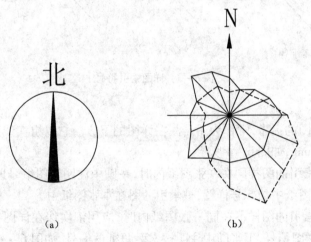

(a)　　　　　　　　　　　　(b)

图 6 – 6　指北针和风玫瑰图

7. 图例

建筑物常常用缩小的比例绘制在图纸上,对于有些建筑细部、构件形状以及建筑材料等,往往不能如实画出,也难以用文字注释来表达清楚,但用统一规定的图例和代号来表示,可以得到简单明了的效果。表 6 – 3 和表 6 – 4 分别列出了《建筑制图标准》(GB/T 50104—2010)规定的部分建筑构造及配件图例和部分常用的建筑材料图例。

表 6 – 3　楼梯及门窗图例

序号	名称	图例	备注
1	楼梯	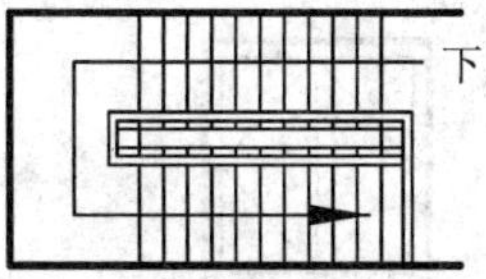 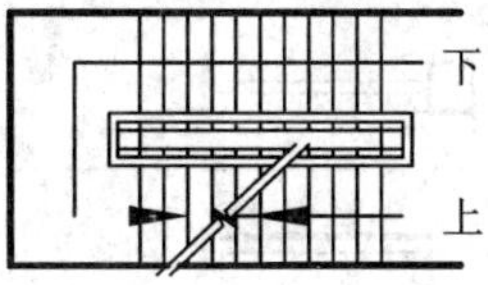 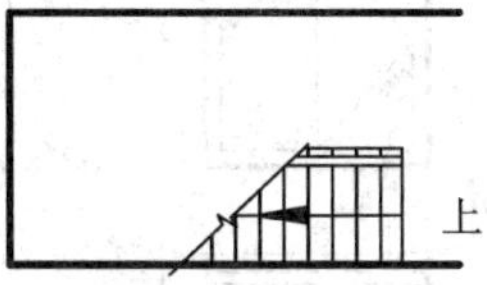	(1)上图为顶层楼梯平面图,中图为中间层楼梯平面图,下图为首层楼梯平面图 (2)楼梯的形式及步数应按实际情况绘制
2	单扇门(包括平开或单面弹簧)	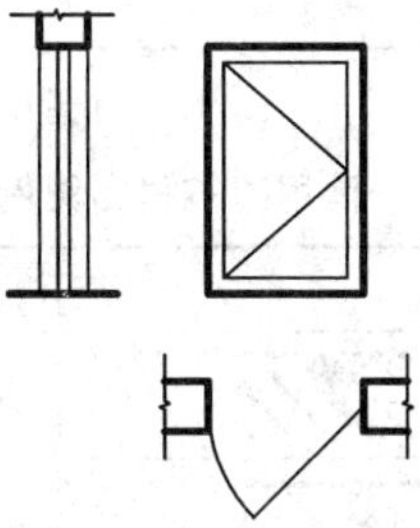	(1)门的名称代号用 M 表示 (2)平面图中,下为外、上为内;剖面图中,左为外、右为内 (3)立面图中,开启线实线为外开、虚线为内开;开启线交角的一侧为安装合页一侧;开启线在建筑立面图中可不表示 (4)附加纱扇应以文字说明,在平、立、剖面图中均不表示 (5)立面形式应按实际情况绘制
3	单面开启双扇门(包括平开或单面弹簧)	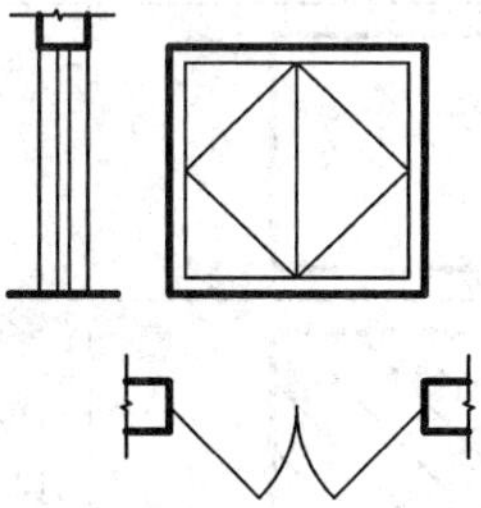	
4	双面开启双扇门(包括双面平开或双面弹簧)	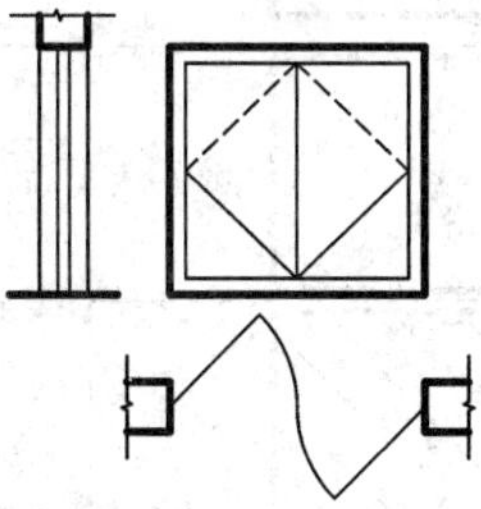	

序号	名称	图例	备注
5	单层外开平开窗	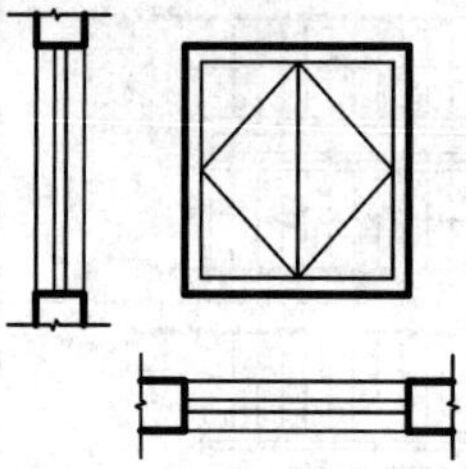	（1）窗的名称代号用 C 表示 （2）平面图中，下为外，上为内；剖面图中，左为外，右为内 （3）立面图中，开启线实线为外开，虚线为内开；开启线交角的一侧为安装合页一侧 （4）附加纱窗应以文字说明，在平、立、剖面图中均不表示 （5）立面形式应按实际情况绘制
6	单层内开平开窗	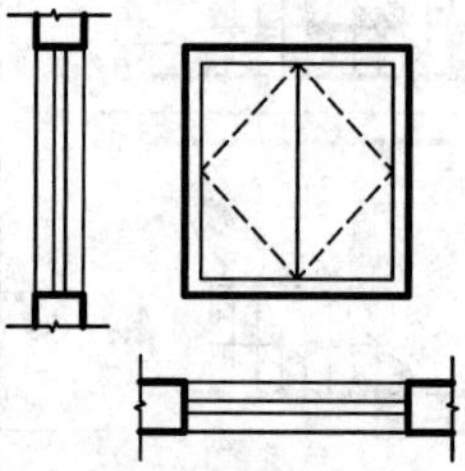	

表6-4　常用建筑材料图例

序号	名称	图例	备注
1	自然土壤		包括各种自然土壤
2	夯实土壤		
3	砂、灰土		
4	普通砖	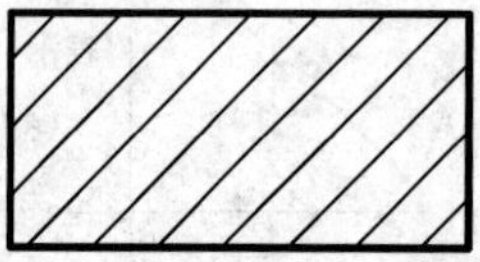	包括实心砖、多孔砖、砌块等砌体，比例较小时可用粗实线表示
5	混凝土		（1）本图例指能承重的混凝土及钢筋混凝土 （2）包括各种强度等级、骨料、填加剂的混凝土 （3）在剖面图上画出钢筋时，不画图例线 （4）断面图形较小不易绘出图例线时可涂黑
6	钢筋混凝土	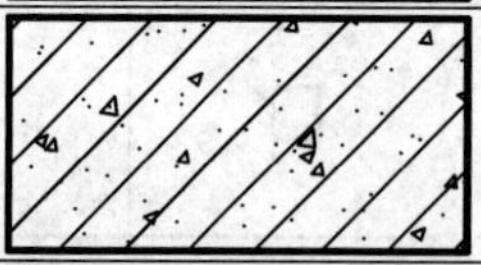	
7	多孔材料		包括水泥珍珠岩、沥青珍珠岩、泡沫混凝土、非承重加气混凝土、软木等

序号	名称	图例	备注
8	金属	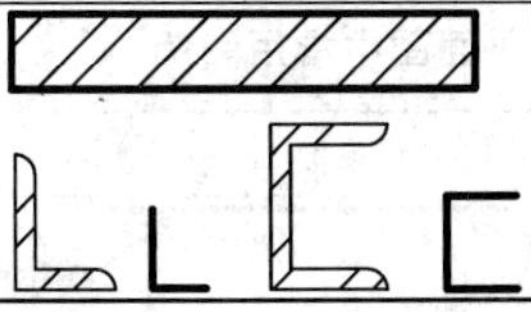	包括各种金属;图形小时可涂黑

6.2 总平面图

建筑总平面图是表达建筑工程总体布局的图样,它是在新建房屋所在地域上空向地面一定范围投影所形成的水平投影图。它表明新建房屋的平面形状、位置、朝向以及周围环境、道路、绿化区布置等。

建筑总平面图是新建房屋施工定位、施工放线、布置施工现场和规划布置场地的依据,也是其他专业(如给水排水、供暖、电气及燃气等工程)的管线总平面图规划布置的依据。

6.2.1 总平面图的主要图示内容及图例

1.图示内容

(1)建筑地域的环境状况:地理位置基地范围,地形地貌,原有建筑物、构筑物、道路等。

(2)新建(改建、扩建)区域的总体布置:新建建筑物、构筑物、道路、广场、绿化等的布置情况及建筑物的层数。

(3)新建工程的具体定位:对于小型工程或已有建筑群中的新建工程,一般是根据地域内或邻近的永久性固定设施定位。对于包括较多工程项目的大型工程,往往占地广阔、地形复杂,为保证定位放线的准确,常采用坐标网格来确定它们的位置。一些中小型工程,不能用永久性固定设施定位时,也采用坐标网格定位。

(4)新建建筑物首层室内地坪、室外设计地坪和道路的标高,新建建筑物、构筑物、道路、管网等之间有关的距离尺寸。总平面图中的标高、距离均以 m 为单位,精度取到小数点后两位。

(5)比例:总平面图所要表示的地区范围较大,所以应采用较小的比例绘图。总平面图的绘图比例一般选用 1:500,1:1 000,1:2 000。在具体工程中,由于国土局及有关单位提供的地形图比例常为 1:500,故总平面图的常用绘图比例是 1:500.

(6)表明建筑地域方位、建筑物朝向的指北针或当地的风向频率玫瑰图。

建筑总平面图表达的内容因工程的规模、性质、特点和实际需要而定,如工程所在位置地势起伏变化比较大,则需要画出等高线;而地势较平坦时,则不必画出。对一些简单的工程,坐标网格或绿化规划的布置等也不一定画出。

2.图例和符号

建筑总平面图中许多内容用图例和符号表示,熟悉这些图例和符号对于读图或绘图都很有必要。

(1)国家标准规定了一些常用图例的画法,表 6-5 摘录了一部分。国标中没有规定的图例可由设计者自行设计,但要在总平面图的适当位置绘制图例说明。

表 6-5　总平面图中常用图例

序号	名　称	图　例	备　注
1	新建建筑物	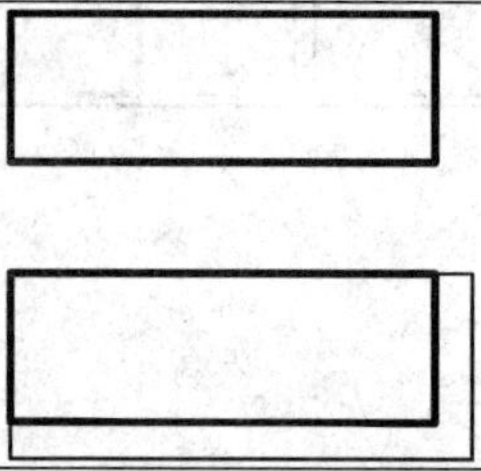	新建建筑物用粗实线表示,建筑上部外挑构件用细实线表示
2	原有建筑物	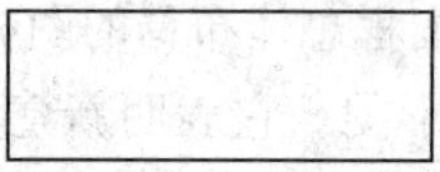	用细实线表示
3	计划扩建的预留地或建筑物		用中粗虚线表示
4	拟拆除的建筑物		用细实线表示
5	围墙及大门	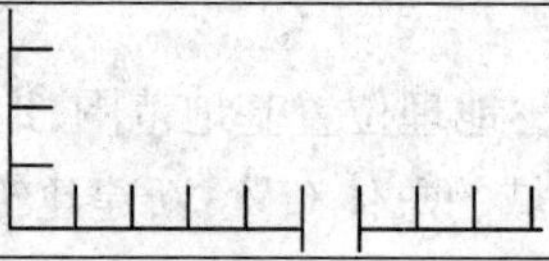	
6	坐标	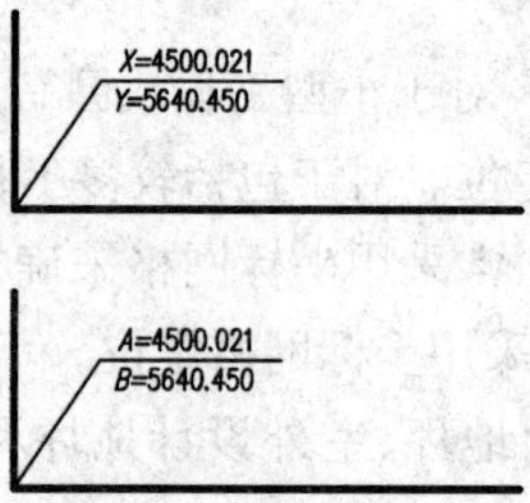 $X=4500.021$ $Y=5640.450$ $A=4500.021$ $B=5640.450$	上边为测量坐标系 下边为施工坐标系
7	室内地坪标高	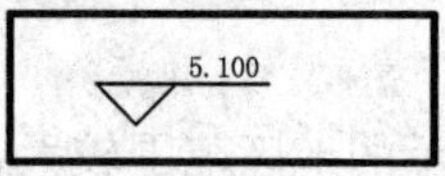 5.100	
8	室外地坪标高	 4.500	地形复杂区域用等高线表示室外标高

(2)指北针和风向频率玫瑰图。总平面图中需画出指北针或风向频率玫瑰图,其画法如图 6-6 所示。

(3)坐标网。坐标网有两种形式,即测量坐标网和施工坐标网。测量坐标网是由国家或地区测绘的,X 轴方向为南北方向,Y 轴方向为东西方向,以 100 m×100 m 或 50 m×50 m 为一方格,在方格交点处画交叉十字线表示坐标网,如图 6-7 所示。用新建房屋的两个角点或三个角点的坐标值标定其位置。对于朝向偏斜的房屋也可采用施工坐标网。施工坐标网的轴线应与主要建筑物的基本轴线平行,并用细实线画成网格通线,分别用 A、B 表示两个轴线方向。

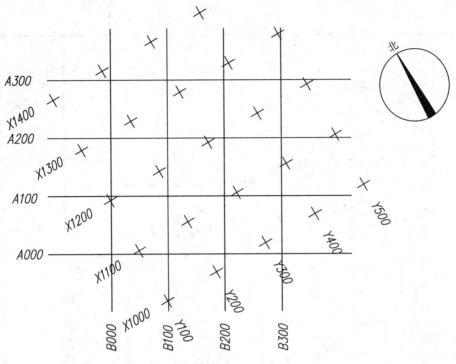

图 6 - 7　测量坐标网和施工坐标网

总平面图上有测量和施工两种坐标系统时,应注明两种坐标系统的换算公式。建筑物朝向偏斜时,如不采用施工坐标网,则应标出主要建筑群的轴线与测量坐标轴线的交角。

6.2.2　建筑总平面图的阅读

下面以图 6 - 8 所示某住宅小区总平面图为例,说明总平面图的读图要点。

(1)通过图名、标题栏可知,新建工程为 × × 小区独栋别墅,该总平面图比例为 1∶500。

(2)该小区新建 9 栋独栋别墅,已有 6 栋 6 层洋房。西面临西湖大街,东南侧有一中心小学。小区主入口在西侧靠南的位置,设有门卫和物业管理办公室。小区次要出入口设在东北侧。

(3)由风向频率玫瑰图可知拟建的别墅有 5 栋为南北朝向,另外 4 栋为东南朝向。从玫瑰图中可看出当地夏季东南风比较多。

(4)新建别墅室内地坪标高为 5.1 m,室外地坪为 4.5 m。

(5)图中用细实线画出了小区原有的 6 栋洋房。

(6)小区外围设有围墙。

6.3　建筑平面图

建筑平面图主要表示建筑物某一层的平面形状和布局,是施工放线、墙体砌筑、门窗安装、室内外装修的依据。

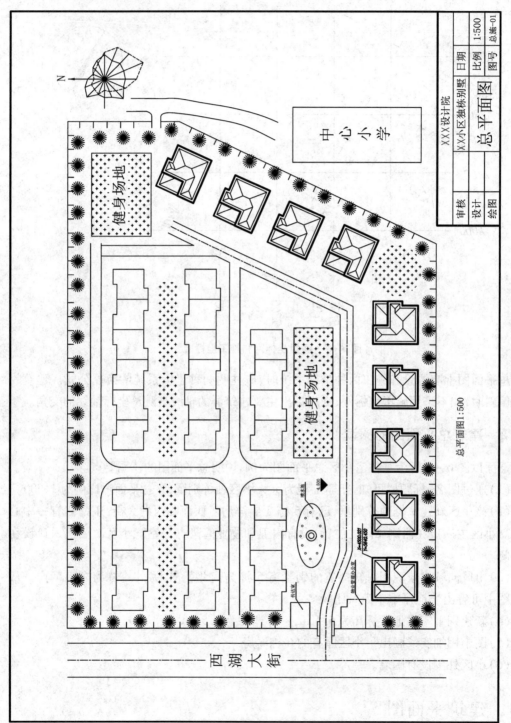

总平面图1:500

图6-8　独栋三层别墅建筑总平面图1:500

6.3.1　建筑平面图的形成

建筑平面图有两类：一类是水平方向的视图，如屋顶平面图、顶棚平面图；另一类是水平方向的剖面图，称为楼层平面图，其剖切平面的位置一般选择在门窗洞口的范围内。

对于多层建筑物，原则上应画出每一楼层的平面图。如果一幢建筑物的中间各楼层平面布局相同，则可共用一个平面图，图名为"×层 ~ ×层平面图"（或称中间层平面图，也可称标准层平面图）。因此，三层及三层以上的建筑物，至少应有三个楼层平面图，即首层平面图、中间层平面图、顶层平面图。

图6－9所示为三层别墅各层平面图应表达的竖向范围，在某一范围内房屋的室内部分和室外部分均是该层平面图要表达的内容。首层平面图是 a 段范围内的水平投影，即1－1剖面图，表达1－1剖切面以下、室外地坪以上的部分，其中应包括室外台阶和散水等；二层平面图是 b 段范围内的水平投影，即2－2剖面图，它表达2－2与1－1剖切面之间的部分，其中应包括首层大门上方的雨篷；而顶层平面图是 c 段范围内的水平投影，即3－3剖面图，它表达3－3与2－2剖切面之间的部分，其中包括二层部分的屋顶。多层及高层建筑的各层平面图表达的竖向范围也是如此。这种分段的意义在于各平面图不重复表达。在施工图中各楼层平面图的剖切位置不用标出。

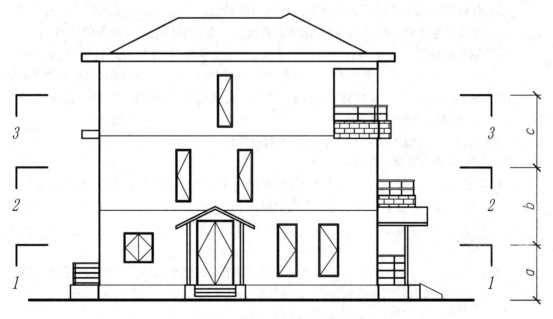

图6－9　各层平面图表达范围示意

6.3.2　建筑平面图图示内容

（1）表明建筑物某一层的平面形状，墙、柱的位置、尺寸、材质、形式，各房间的形状、大小、位置及相互关系，门窗的位置、形式，并用文字注明各房间的用途，对居住建筑还常标出房间的净面积。

（2）一般在首层平面图附近画出指北针，用来确定建筑物的朝向。

（3）表明楼梯和电梯、走道及门厅的位置,楼梯的形式及上下方向。

（4）示出属于本层的构配件和固定设施的位置,如阳台、雨篷、台阶、雨水管、散水、卫生器具、水池等。在剖切平面以上但属于本层的设施,如高窗、吊柜、洞槽等用虚线画出。雨水管仅在一层平面图上表达。

（5）在首层平面图上注明剖面图的剖切位置、投射方向和编号。

（6）标出定位轴线和编号。

（7）标出足够的尺寸和标高。建筑平面图中尺寸分为外部尺寸和内部尺寸。

①外部尺寸。主要标注三道尺寸,最外边的一道尺寸为房屋两端外墙面之间的距离,即房屋的总长、总宽,也称外包尺寸。中间一道尺寸为定位轴线间的尺寸,简称轴线尺寸,表明房间的开间和进深大小（定位轴线之间的距离,横向称为"开间",竖向称为"进深"）。最里边一道尺寸称为细部尺寸,表示外墙厚度及门窗洞口、墙垛、柱的尺寸和定位尺寸（与轴线的关系）。对于台阶、散水、花池等室外附属部分,其尺寸可在附近单独标注。

②内部尺寸。在平面图内需标出房间的净尺寸、内墙厚度、墙上门窗洞口宽度和定位尺寸以及其他设施的定形、定位尺寸。

③标高。建筑平面图中常以首层主要房间的室内地坪高度为相对标高的零点（标记为±0.000）,高于此处的为"正"（数字前不加"＋"号）,低于此处的为"负"（数字前加注"－"号）。在设计说明中说明相对标高与绝对标高之间的关系。一般在楼层平面图中要标明主要楼面、地面及其他平台、板面的完成面标高。首层平面图还要标注室外地坪的标高。

（8）注明门窗的代号和编号,门的代号为 M,窗的代号为 C,代号后面是编号,如 M1、M2、……,C1、C2、……。同一编号表示门窗类型相同,其构造、尺寸都一样。当门窗类型较多时,除了图中注明编号外,常另附有门窗表,列出门窗的编号、名称、洞口尺寸、樘数、材料等。门窗的具体做法要看门窗详图。

（9）节点索引。标注有关部位节点详图的索引符号。

（10）在平面图的下方注写图名及比例。

（11）屋顶平面图主要表示屋面坡度、分水线、排水口、檐沟、挑檐、女儿墙、上人孔、天窗等情况。顶棚平面图主要表示顶棚的图案布置情况。

6.3.3　实例

图 6-10 至图 6-13 分别为三层别墅的首层平面图、二层平面图、三层平面图、屋顶平面图。现以首层平面图为例说明建筑平面图的读图方法。

（1）图 6-10 为首层平面图,比例为 1:100。

（2）由指北针可知本别墅为南北朝向。

（3）该别墅有三个出入口:南面有门 M1,西面有门 M2,北面有门 M3。M1、M2 均为双开门,M3 为单开门。一层有门厅、客厅、餐厅、厨房,有一个卧室、一个工人房,另有两个卫生间,一个楼梯间。

（4）通过外面三道尺寸了解到,此别墅总长为 10.44 m、总宽为 11.44 m。轴线间尺寸表明各房间的开间与进深,如客厅的开间为 5.1 m、进深为 4.5 m,卧室的开间为 3.9 m,进深也是 4.5 m。

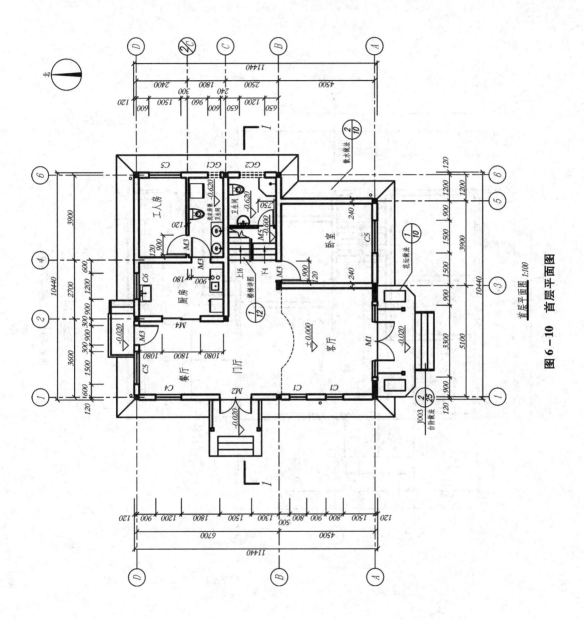

首层平面图 1:100

图 6 – 10　首层平面图

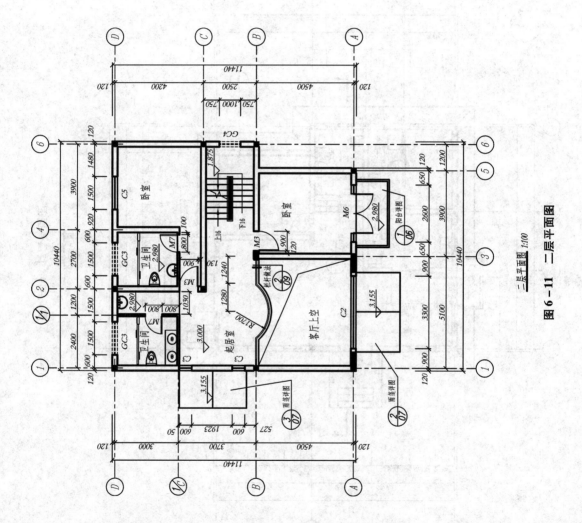

二层平面图 1:100

图 6—11　二层平面图

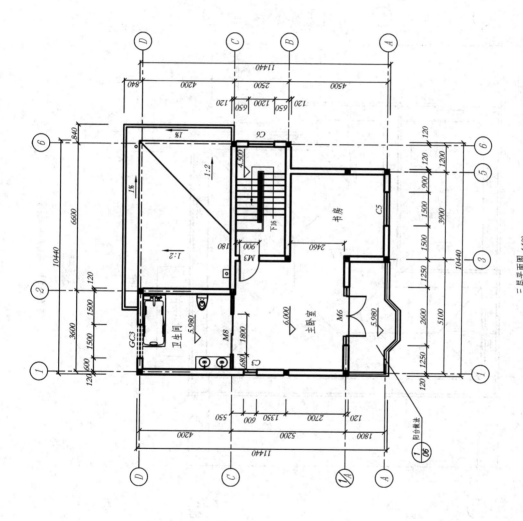

三层平面图 1:100

图 6-12 三层平面图

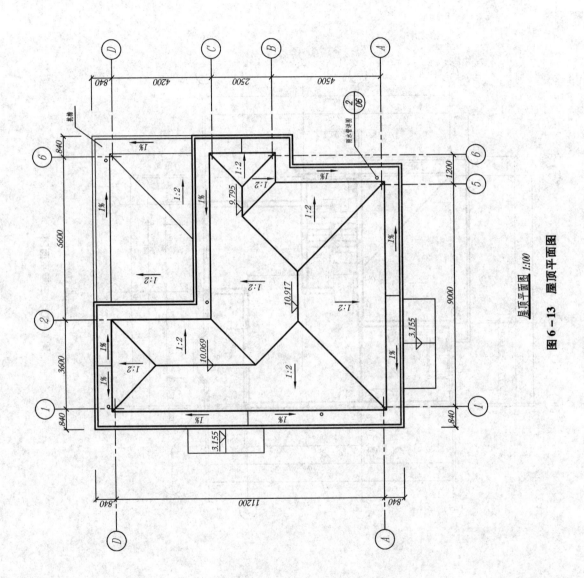

屋顶平面图 1:100

图 6-13 屋顶平面图

（5）两个卫生间各有一高窗，在一层平面图剖切面以上，用虚线表示。门窗的形式及尺寸见表 6 - 6。

表 6 - 6　门窗表

编号	形式名称	洞口尺寸（宽×高）	樘数	材料	编号	形式名称	洞口尺寸（宽×高）	樘数	材料
M1	双扇平开	3 300 × 2 100	1	玻璃门	C1	平开窗	800 × 2 100	2	彩铝窗
M2	双扇平开	1 500 × 2 600	1	实木门	C2	固定窗	3 300 × 2 100	1	彩铝窗
M3	平开门	900 × 2 100	7	实木门	C3	平开窗	600 × 2 100	3	彩铝窗
M4	推拉门	1 800 × 2 100	1	彩铝门	C4	平开窗	1 200 × 1 200	1	彩铝窗
M5	平开门	750 × 1 800	1	实木门	C5	平开窗	1 500 × 1 200	5	彩铝窗
M6	平开门	2 600 × 2 100	2	彩铝门	C6	平开窗	1 000 × 2 300	2	彩铝窗
M7	平开门	800 × 2 100	2	实木门	GC1	高窗	600 × 600	1	用压花玻璃
M8	推拉门	1 800 × 2 100	1	彩铝门	GC2	高窗	1 200 × 600	1	用压花玻璃
					GC3	高窗	1 500 × 600	3	用压花玻璃
					GC4	高窗	1 000 × 400	1	用压花玻璃

（6）表明了 1 - 1 剖面图的剖切位置。

（7）有详图的部位标注了索引符号，如散水做法 ②/10。

图 6 - 11 为二层平面图。该层平面图除画出房屋二层范围的投影内容外，还画出了一层平面图无法表达的雨篷。对一层平面图上已经表达清楚的台阶、散水等内容未予画出。

图 6 - 12 为三层平面图。除画出了房屋三层范围的投影内容外，还画出了二层的屋面部分。

图 6 - 13 为屋顶平面图，表示了屋面的形状、交线、坡度以及屋脊线的标高等内容。

6.3.4　建筑平面图的绘图步骤

绘制建筑施工图时一般先从平面图开始，然后再画立面图、剖面图和建筑详图等。

在选择好所绘建筑平面图的比例之后，以先大后小、先整体后局部、先图形后标注、先打底稿后加深的顺序进行绘制。（计算机绘图可灵活些）

现以首层平面图为例说明建筑平面图的绘制步骤：

（1）根据开间和进深尺寸画出纵横方向的定位轴线；

（2）根据墙厚、柱尺寸和门窗洞口尺寸，画出墙身线、柱断面和门、窗洞的位置线；

（3）根据细部尺寸，画出楼梯、门窗、柱、台阶、散水、卫生设施等的图例；

（4）画出 3 排尺寸线和轴线的编号圆圈；

（5）经检查无误后，擦去多余作图线，按施工图要求加深图线，标注尺寸与标高，对轴线进行编号，填写各尺寸数字、门窗代号、房间名称等，完成全图，如图 6 - 10 所示。

6.4　建筑立面图

6.4.1　建筑立面图的形成

　　建筑立面图是建筑物竖向立面的正投影图,主要反映房屋外部造型、外立面装修及其相应方向所见到的各构件的形状、位置、做法。

　　原则上一幢建筑物的每一方向的立面均需画出立面图,对相同的立面可只画出其中的一个。国家标准规定,有定位轴线的建筑物,宜用建筑物立面两端定位轴线的编号标注立面图的名称,如"①～⑥"、"Ⓐ～Ⓔ"等。无定位轴线的建筑物,可按平面图各面的方向确定名称,如北立面图、南立面图、东立面图、西立面图;或按主要出入口命名,如正立面图、背立面图、左侧立面图、右侧立面图。

　　当房屋的平面形状不规则(如曲线形、折线形、圆弧形等)时,立面中有的部分不平行于投影面,这时可将部分立面展开到与投影面平行的平面上,再用正投影法画出立面图,但要在图名后注明"展开"二字。对折线形的建筑也可分段画出各立面图。

6.4.2　图示内容

　　(1)建筑立面图外轮廓线用粗实线、地面线用加粗实线,以表达该房屋稳重牢固的视觉效果。

　　(2)表示出投影可见的外墙、柱、梁、挑檐、雨篷、遮阳板、阳台、室外楼梯、台阶、门窗及外墙面上的装饰线、雨水管等。门窗等构配件的外轮廓线用中实线绘制,其他线用细实线绘制。立面图中不可见的轮廓线一律不画。

　　(3)表明外墙面装修材料和做法的文字说明及表示需另见详图的索引符号。

　　(4)注明各主要部位的标高,如室外地坪、台阶、窗台、门窗洞口顶面、阳台、雨篷、挑檐、女儿墙等。

　　(5)标出立面两端的轴线,并注写编号。

　　(6)在图的下方注写图名及比例。

6.4.3　实例

　　图 6 - 14 和图 6 - 15 为三层别墅两个方向的立面图。现以图 6 - 14 为例,说明建筑立面图表达的内容。

　　(1)图 6 - 14 为①～⑥立面图,其比例也是 1∶100,与平面图一致。

　　(2)①～⑥立面图为正立面图(也为南立面图),将其与平面图对照阅读可知,从门 M1进去是一层客厅,客厅占有两层空间,在二层的位置有一固定窗 C2,主要起采光作用。客厅上方是阳台和门 M6,从该门进去是主卧室。在轴线③和⑤之间,从一层到三层分别为 C5,是一层卧室的窗;M6 是二层卧室的门(外有阳台);C5 是三层书房的窗。另外还可看到西侧门口的台阶和雨篷。

　　(3)可看到室外地坪标高为 - 0.600 m,最高屋脊线的标高为 10.917 m。图中两侧还标

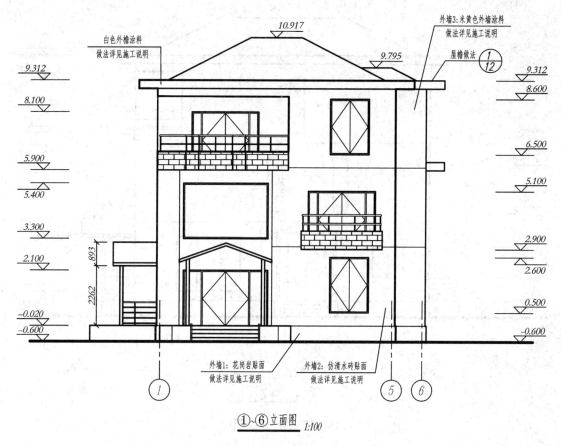

白色外檐涂料
做法详见施工说明

外墙3:米黄色外墙涂料
做法详见施工说明

屋檐做法 ①/12

外墙1: 花岗岩贴面
做法详见施工说明

外墙2: 仿清水砖面
做法详见施工说明

①～⑥立面图 1:100

图 6 - 14　①～⑥立面图

注了门和窗的上下口标高、阳台的标高、屋檐的标高。

(4) 外墙面装修用文字进行了说明。

(5) 右上角屋檐的做法另见详图。

图 6 - 15 为 ⑩～④立面图，也即左侧立面图或西立面图。

6.4.4　立面图的绘制步骤

(1) 根据立面两端的轴线距离，先画出轴线位置。

(2) 根据标高尺寸画出室内外地坪线、外墙轮廓线、屋面线。

(3) 根据细部尺寸画出门窗、阳台、雨篷、檐口等建筑构配件的轮廓线。

(4) 根据门窗、阳台、屋面的立面形式画出门、窗、阳台、雨篷等的图例。

(5) 画出定位轴线编号圆圈，并画出标高符号。

(6) 经检查无误后，擦去多余作图线，按施工图要求加深图线，标注尺寸与标高，书写图名、比例、轴线编号以及外墙装饰装修说明等，完成全图，如图 6 - 14 所示。

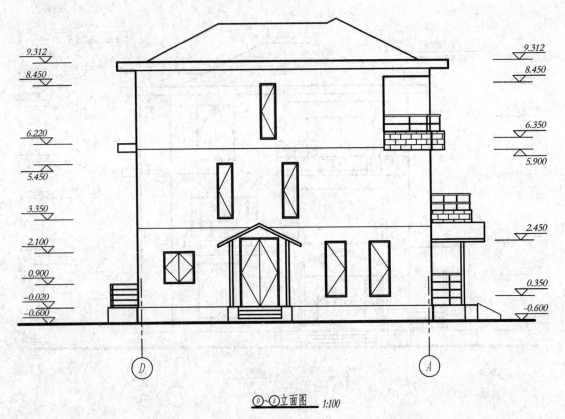

$\underline{\text{⒟~Ⓐ立面图}}$　1:100

图 6 – 15　Ⓓ ~ Ⓐ立面图

6.5　建筑剖面图

6.5.1　剖面图的形成

　　建筑剖面图是假想用一个或多个铅垂剖切面将建筑物剖开,用正投影的方法绘制所得到的投影图,简称剖面图。剖面图主要用来表达建筑物内部的主要结构形式、构造、材料、分层情况、各层之间的联系及高度等。剖面图与各层平面图、立面图一起被称为房屋的三个基本图样,简称"平、立、剖"。

　　剖面图的剖切位置一般选择建筑物的结构和构造比较复杂、能反映建筑物构造特征的具有代表性的部位,如楼梯间、层高发生变化的部位等。剖切面宜通过墙体上的门、窗洞口,以便表达门、窗的高度和位置。剖面图的数量视建筑物的复杂程度和表达需要而定。剖切面的剖切位置、投射方向和编号一般应在首层平面图中标注。

6.5.2　图示内容

　　(1)表示出建筑物的楼板层、内外地坪层、屋面层,被剖切到的砌体、沿投射方向可见的构配件和固定设施等,表明分层情况、各建筑部位的高度、房间的进深(或开间)、走廊的宽度(或长度)、楼梯的类型、分段与分级等。

　　(2)主要楼面、屋面的梁、板与墙的位置和相互关系。比例为1:100或小于1:100的图样,墙的断面轮廓线用粗实线绘制,钢筋混凝土梁、板的断面涂黑。

（3）用文字注明地坪层、楼板层、屋盖层的分层构造和工程做法,这些内容也可以在详图中注明或在设计说明中说明。

（4）标注剖到的室外地坪、室内地面、楼面、楼梯平台面、阳台、台阶等处的完成面标高,门窗、挑檐、雨篷等有关部位的标高和相关尺寸。

（5）标注剖到的墙或柱的轴线和距离。

（6）在需要另见详图的部位标注索引符号。

（7）在图的下方注写图名及比例。

6.5.3　实例

现以图 6 - 16 为例说明建筑剖面图的读图要点。

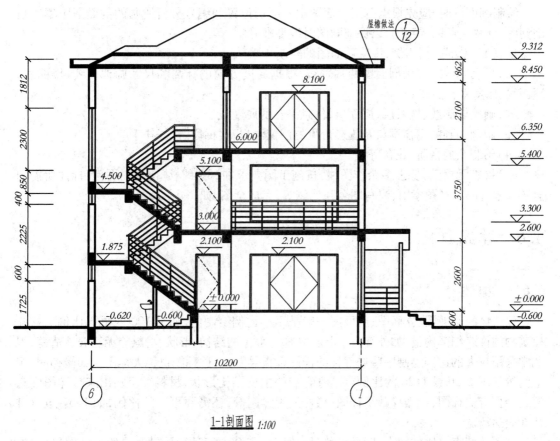

图 6 – 16　1 – 1 剖面图

（1）剖切位置。识读剖面图应与平面图结合对照,以明确剖切位置和投射方向。将图 6 -16 所示的剖面图名及轴线编号与首层平面图上的剖切位置和轴线编号对照,可知 1 - 1 剖面图是一个剖切位置在 Ⓑ、Ⓒ 两轴线之间,剖切后向前投射所得的纵剖面图。它表明了门厅和客厅两层高度的空间、楼梯、一至三层楼面和坡屋顶、西面的台阶和雨篷。从图中房屋地面到屋顶的结构形式可知,垂直方向的主要承重构件是砖墙,水平方向的承重构件是钢筋混凝土板,属于混合形式的结构。

（2）比例、线型。此图选用与平面图、立面图相同的比例1∶100。因比例较小,砖墙采用粗实线的方式表达；钢筋混凝土构件涂黑。二层、三层楼面的楼板、坡屋顶的屋面板、楼梯梯段均搁置在砖墙或屋(楼)面梁上，均为钢筋混凝土构件，其断面示意性地涂黑，它们的详细结构可参见各自的节点详图。在墙身的门窗洞顶面，屋面板底面涂黑的矩形断面表示钢筋混凝土门窗过梁或圈梁。未剖切到的可见构件有一层至三层各房间的门、窗，二层走廊的栏杆，楼梯扶手等用细实线表示。

（3）尺寸标注。

①水平方向：标注了两端轴线的间距。

②竖直方向：外部标注了室内外地坪标高、固定窗上下口标高以及剖切到的门窗标高和尺寸；内部标注了楼面、地面及楼梯休息平台标高、投影可看到的门上口线标高。

6.5.4 建筑剖面图的绘图步骤

绘制剖面图时，应先根据首层平面图中的剖切位置和编号分析所画的剖面图中哪些是剖到的，哪些是可以看到的，以保证画图时线型准确。

现以 1－1 剖面图为例，说明剖面图的绘制步骤。

（1）根据轴线距离画剖面图两端轴线，根据高度方向的标高和尺寸画地面线、楼面线、屋面线、休息平台面线。

（2）画墙轮廓线、楼板层、屋面层、休息平台的厚度线。

（3）画剖切到的门窗洞口及投影可见的门窗洞口、楼梯段、栏杆扶手等。

（4）画剩余的台阶、花台等。

（5）检查无误后，擦去多余作图线，按施工图要求加深图线，画出材料图例，标注所需的全部尺寸、标高、详图索引，注写图名和比例等，完成全图，如图 6－16 所示。

6.6 建筑详图

6.6.1 概述

建筑物的平面图、立面图、剖面图一般是用小比例绘制的，如 1∶100 或更小比例。这样建筑物的许多细部构造，如外墙身、门窗、楼梯等部位的结构、形状、材料等无法表达清楚，因此常采用较大的比例绘制一些局部性的详图以指导施工，这种图也称大样图。如楼梯间、厨卫间等处用 1∶50 或 1∶20 的比例可以将它们的主要结构形状、材料等反映出来。详图中有时还会再有更详图，如楼梯踏步详图、栏杆扶手详图等，还需要更大的比例，如 1∶5 甚至 1∶1才能表达清楚。

详图的特点是比例较大、图示清楚、尺寸标注齐全、文字说明详尽，可使细部的尺寸、构造、材料、做法详细完全地表达出来。

详图分为节点详图、房间详图、构配件详图。节点详图如外墙身详图；房间详图如楼梯间详图、卫生间详图等；构配件详图如阳台详图、雨篷详图等。

楼梯间是房屋中比较复杂的构件，在施工图中一般都要绘制楼梯详图。下面就以楼梯详图为例介绍建筑详图。

6.6.2 楼梯详图

楼梯是多、高层房屋垂直交通的主要构件，由楼梯段、楼梯休息平台和栏板(栏杆)组成。楼梯段简称梯段,包括梯横梁、梯斜梁和踏步。踏步的水平面称为踏面,垂直面称为踢面。所谓梯段的"级数",一般是指踏步数,也就是一个梯段中"踢面"的总数,它也是楼梯平面图中一个梯段的投影中实际存在的平行线条的总数。若干梯级组成楼梯的梯段,平台板与下面的横梁组成休息平台,加上栏杆扶手就组成了楼梯。

楼梯详图一般包括楼梯平面图、楼梯剖面图以及更大比例的踏步和栏板(栏杆)节点详图。各详图应尽可能画在同一张图纸上,平面图、剖面图比例应一致,一般为1:50,踏步、栏杆节点详图比例要大一些,可采用1:10、1:5等。这些详图组合起来将楼梯的类型、结构形式、材料、尺寸及装修做法表达清楚,以满足楼梯施工放样的需要。楼梯详图的线型与相应的平面图和剖面图相同。

下面以别墅楼梯为例,介绍楼梯详图中的楼梯平面图和楼梯剖面图,如图 6 - 17 所示。

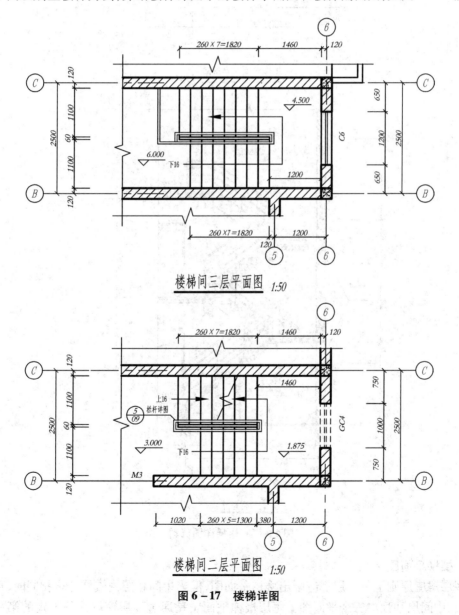

图 6 - 17　楼梯详图

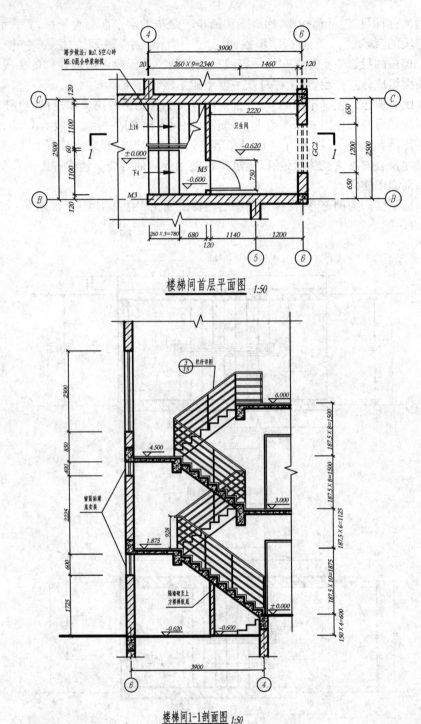

楼梯间首层平面图 *1:50*

楼梯间1-1剖面图 *1:50*

图 6-17 楼梯详图(续)

1. 楼梯平面图

  多层房屋原则上每一层都应画出楼梯平面图,但当中间各层的楼梯完全相同时,可只画出首层、中间层和顶层三个平面图。每层楼梯平面图是通过该层窗洞或往上走的第一梯段(休息平台以下)的任一位置剖切得到的水平剖面图。楼梯平面图上要注出轴线编号,表明楼梯在房屋中的位置,并标注轴线间的尺寸以及楼地面、平台的标高。

(1)首层平面图:也称一层平面图,如图 6 – 17 所示。从客厅标高 ±0.000 m 下到卫生间标高 –0.620 m 有四步台阶。另一侧楼梯梯段被剖切到,国标规定,在剖切处画一条 45°的倾斜折断线,以避免与踏步投影重叠。

(2)中间层平面图:此处为二层平面图,既要画出下行的完整梯段,又要画出被剖切到的上行梯段,该梯段与休息平台下方的梯段投影重合,以 45°折断线作为分界线。

(3)顶层平面图:此处为三层平面图,剖切位置在三层楼梯的栏杆扶手以上,未剖切到任何梯段,故应完整画出上、下行梯段和休息平台。

在各层平面图中均应用箭头表示出上、下行方向及步级数。如图 6 – 17 所示,从一层需上 16 个台阶到二层,从二层同样需上 16 个台阶到三层。

各层平面图中还应标出梯段水平投影长、梯段宽及每一梯段的踏步数以及一些细部尺寸、标高。在标注梯段水平投影长时,用"踏面宽 b ×(踏步数 n – 1) = 梯段水平投影长 L"的标注形式。如在首层平面图中,标注梯段长为 260 × 9 = 2 340。

顶层平面图中楼梯栏杆需拐到侧面墙体以封住楼面(即安全栏杆)。

2. 楼梯剖面图

楼梯剖面图的形成原理与方法同建筑剖面图。用一假想的铅垂剖切平面沿梯段的长度方向,通常通过上行第一梯段和门窗洞口,将楼梯剖开,向未剖到的梯段方向投影,即得到楼梯剖面图。在多层房屋中,若中间各层的楼梯构造完全相同,可只画出首层、中间层(标准层)和顶层的剖面,中间以折断线断开,但应在中间层的楼面、平台面处以括号形式加注中间各层相应部位的标高。本别墅只有三层,完整画出即可。楼梯剖面图应表示出被剖切的墙身、窗下墙、窗台、窗过梁,表示出楼梯间地面、平台面、楼面、梯段等的构造及其与墙身的连接以及未剖到的梯段、栏杆、扶手等。

在楼梯剖面图中应标注楼梯间的轴线及其编号,轴线间距离,楼面、地面、平台面、门窗洞口的标高和竖向尺寸。梯段高度方向的尺寸以"踢面高 × 踏步数 = 梯段高度"的方式标注。如图 6 – 17 所示,从一层到二层第一梯段的高度标注为:187.5 × 10 = 1 875。同时也要标注出栏杆的高度,其高度是指平台面到扶手顶面的垂直高度。

因楼梯详图比例较大,为 1∶50,在楼梯平面图和剖面图中墙体、柱子和楼面、楼梯段都应绘出相应的材料图例,如图 6 – 17 所示。

第7章　阴影的基本知识及轴测图中的阴影

7.1　阴影的基本知识

7.1.1　阴和影的形成

如图7-1所示,物体在光线的照射下,显得明亮的表面为迎光面,称为阳面;比较阴暗的表面为背光面,称为阴面。阴面与阳面的分界线称为阴线。由于物体通常是不透光的,被阳面遮挡的光线在该物体的自身或在其他物体原来迎光的表面上会产生暗区,称为影区。影区的轮廓线称为影线。通过物体阴线上各点(称为阴点)的光线与承影面的交点,正是影线上的点(称为影点),阴和影一般是相互对应的,影线就是阴线之影,也被称作阴线的落影。

阴和影虽然都是阴暗的,但各自的概念不同,阴是指物体表面的背光部分,而影是指光线被物体遮挡在承影面上所产生的阴暗部分,在着色时应加以区别(本书插图中,阴面用网格表示,落影则以细网点表示,以区别阴和影)。

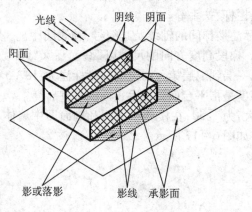

图7-1　阴和影的形成

综上所述,阴和影的形成必须具备三个要素:光源、物体和承影面。

本书只研究阴和影轮廓的几何作图,不研究由光线的强弱,光的折射、反射等在物体表面上所产生的各种明暗变化。

7.1.2　图样中为何加绘阴影

(1)在日常生活中,我们之所以能看见物象,都是借助光的照射。在光的照射下,建筑物本身必然呈现出一定的光影关系和明暗变化,这种变化对于我们认识建筑物的形状、体积及空间组合关系起着十分重要的作用。在图样中加绘阴影,就是把物体实际的真实环境表现出来,使图面更为真实。

(2)用照片作比较,如图 7 - 2 所示为天津大学求是亭。图(a)是晴天拍摄的照片,具有明确的光影关系,亭子的形状、凹凸转折和空间层次表现得清晰、肯定;图(b)是阴天拍摄的,各部分都显得比较模糊。

　　　　　　(a)　　　　　　　　　　　　　　　　(b)

图 7 - 2　建筑物在晴天和阴天的图像对比

(3)在建筑表现图中也是一样,如果没有明确的光影明暗变化,就不能有效地表现出建筑物形象。特别是对于立面表现图来说,光影效果尤为重要,这是因为如果没有阴影,绝大部分建筑构配件,如挑檐、门、窗、阳台、线脚等的凹凸关系根本无法表现。如图 7 - 3 所示,图(a)为一建筑物立面图,只能表现出建筑物长向和高向尺寸,图面单调、呆板,没有立体感;而图(b)加绘了阴影,反映出了建筑物的体型组合,图面生动、美观,有层次感。

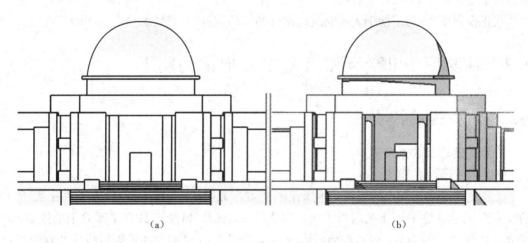

　　　　　　(a)　　　　　　　　　　　　　　　　(b)

图 7 - 3　建筑表现图有无阴影的区别

总之,光亮与阴暗是互为依存而又相互对立的,光亮表示着明,阴影表示着暗,明与暗的对比在建筑表现图中起着十分重要的作用。正确地处理好明暗两者的关系,图面必然清晰、肯定、立体感强,给人以美的享受。

7.1.3　光线方向

物体的阴和影是随着光线的照射角度和方向而变化的,光源的位置不同,阴影的形状也不同。如图7－4所示,图(a)的光线由左前上方射向物体的,图(b)的光线由右前上方射向物体。

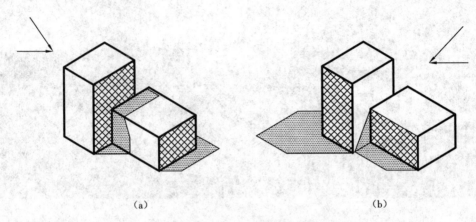

(a)　　　　　　　　　　　　　　　(b)

图7－4　光线方向

光线一般分为两类:一类是灯光,这类光线呈辐射状,称为辐射光线;另一类是太阳光,光线是相互平行的,称为平行光线。灯光只适合于画室内透视,建筑表现图中一般很少使用,求影也比较复杂。图样中多数采用的是平行光线,本书均采用平行光线求影。

在轴测图和透视图的阴影求作中,常常是根据建筑图的表现效果,由绘图者自己选定光线方向。给出的光线形式通常有两种:一种是给出空间光线及其在某一投影面上的投影;另一种是给定物体上某特殊点的落影。

在正投影图中,为了便于表明建筑构配件的凹凸程度,对光线的角度有明确的规定。

7.2　轴测图中几何元素及基本几何体的阴影

7.2.1　几何元素的落影

1. 点的落影及求作方法

1)点在平面上的落影

点的落影是过已知点的光线与承影面的交点。如图7－5所示,空间点 A 在平面 P 上的投影为 a ,点 A 在 P 面上的落影为 A_p 。投影线 Aa 、光线 AA_p 及光线在平面 P 上的投影 aA_p 构成一直角三角形 AaA_p 。像这样由投影线、光线及光线在平面上的投影所构成的直角三角形称为光线三角形,这是求空间点在平面上落影的基本作图方法。

通常情况下,空间光线及光线的投影是已知条件,在图7－5中,清楚地表达了用光线三角形法求落影的步骤:过点 A 作光线 S 的平行线,过 a 作光线投影 s 的平行线,两线的交点即为点 A 在平面 P 上的落影 A_p 。

本书规定点的落影用相同于该点的字母并于右下角加脚注来标记,脚注则为相同于承

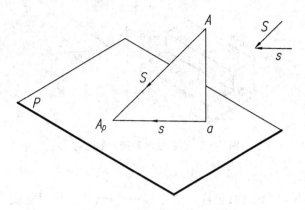

图7-5 点在平面上的落影

影面字母的小写字母,如 A_p,B_v,C_h,…如承影面不是以一个字母表示的,则脚注以数字0,1,2,…来标记。

2）点在投影面上的落影

当投影面为承影面时,点的落影就是通过该点的光线在投影面上的迹点。在两面投影体系中,迹点有两个。如图7-6所示,通过空间点 B 作光线,此时在 V 面和 H 面分别得到迹点 B_v、B_h,显然过 B 点作的光线应先与 V 面相交,因此,正面迹点 B_v 是点 B 的落影。把水平迹点 B_h 称为点 B 的虚影（因 V 面并非透明,此影是假想的）,用括号表示。在作阴影过程中一般不画出,但在以后的直线求影过程中有时需要利用它。这种通过迹点求落影的方法称为光线迹点法。

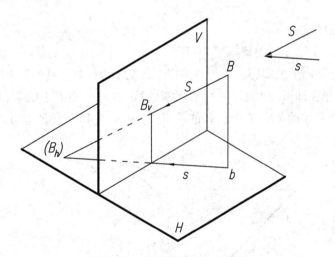

图7-6 点在投影面上的落影

3）点在立体表面上的落影

当承影面为立体表面时,点的落影是先求出包含已知点的光平面与立体表面的交线（截交线）,再求出过点的光线与所得截交线的交点,该点即为已知点的落影。在图7-7中,求点 C 在台阶表面上的落影,是先过点 C 作铅垂光线平面与台阶表面的截交线,再求过 C 的光线 S 与截交线的交点 C_0,C_0 即是点 C 在台阶表面上的落影。这种方法称为光截面法。

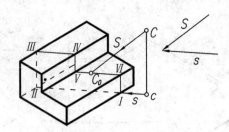

图7-7　点在立体表面上的落影

具体作图步骤如下。

(1)包含 C 点作铅垂光平面:包含一个点作一平面,必须作两条线,而且该平面必须是光平面,所以在图7-7中,包含 C 点作平行于光线 S 的直线,再过 C 作铅垂线 Cc,S 与 Cc 构成的平面即为包含 C 点的铅垂光线平面。

(2)求光平面与立体的截交线:这在画法几何中有详细的叙述,在7-7图中,ⅠⅡⅢⅣ ⅤⅥ所构成的封闭图形就是光平面与立体相交的截交线。

(3)求过 C 点的空间光线与截交线的交点:即过 C 点的 S 与截交线的交点,图中 C_0 点即为点 C 在台阶上的落影。

2. 直线段的落影及落影规律

1)直线段的落影

直线段在承影面上的落影是含该直线段的光线平面与承影面的交线。

如图7-8所示,直线 AB 在平面 P 上的落影 A_pB_p 就是含 AB 的光平面 AA_pB_pB 与平面 P 的交线。

2)直线段落影的求法

Ⅰ.直线段在一个平面上的落影

直线段在一个平面上的落影一般为直线段。求影方法:先分别求得直线段上任意两点的落影,再把它们相连即可。如图7-8所示,求线段 AB 在平面 P 上的落影 A_pB_p,是分别用光线三角形法求得点 A 的落影 A_p 和点 B 的落影 B_p,再将 A_p 和 B_p 相连即可。

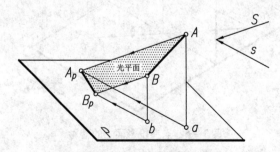

图7-8　直线在平面上的落影

Ⅱ.直线段在两相交平面上的落影

如果直线段两端点的落影不在同一承影面上,而在两相交平面上,此时落影为折线,其转折点称为折影点,折影点一定在两平面的交线上。

在图7-9中,显然 A 点的落影 A_v 在 V 面上,B 点的落影 B_h 在 H 面上,此时直线段两个端点的落影不在同一承影面上,不能连线,由此可以断定 *AB* 的落影是折线,而且这个折影点必在 *OX* 轴上。折影点的求法很多,可求其任一端点的虚影,再根据同面落影相连求出折影点。作图方法:用光线三角形法求出 *A* 点在 *H* 面上的虚影 A_h,连接 A_hB_h,交 *OX* 轴于 I_0 点,I_0 点即为折影点。当然也可以求 *B* 点在 *V* 面上的虚影来求折影点,方法一样,结果也一样。最后加深 $A_v\mathrm{I}_0$、I_0B_h,便求出了 *AB* 在 *V* 和 *H* 面上的落影。

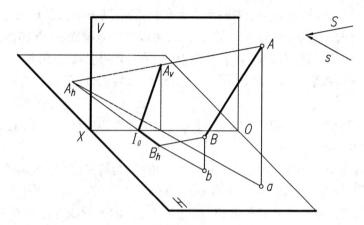

图 7 – 9　直线在投影面上的落影

3)直线段落影规律

前面讲述的是求直线段落影的一些基本方法。根据几何原理可以推论出一系列落影规律,这些规律使求直线段落影变得方便快捷,在今后的作图中可以直接应用。

Ⅰ.平行规律

(1)若一直线段平行于承影面,则其影与直线段平行且等长。

(2)一直线段在相互平行的承影面上的落影相互平行。

(3)相互平行的直线段在同一承影面上的落影彼此平行。

(4)相互平行的直线段在相互平行承影面上的落影彼此平行。

(5)平行于光线的直线段其落影积聚为一点。

Ⅱ.相交规律

(1)若直线与承影面相交,则影必过交点。

(2)相交两直线的同面落影必相交,且交点的落影即为两直线落影的交点。

(3)一直线落于两相交承影面上的影为一折线,折影点在两承影面的交线上。

Ⅲ.垂直规律

若直线垂直于承影面,则直线的落影与光线在该承影面上的投影平行。

7.2.2　基本几何体的阴影

几何体的阴影求作步骤与前面所述的点、线的落影求作步骤有一些不同,因为并不是构成立体的所有棱线都能产生落影,也不是所有阴线的落影都是影的轮廓线(影线),所以应首先正确判定几何体各面的阴阳性,由此确定哪些棱线是产生影区轮廓线的阴线,这一点尤为重要;其次应分析阴线与承影面的相对位置,利用直线段的落影规律求其阴线的落影。

1. 棱柱的阴影

对于直立棱柱,棱柱的侧棱面垂直于承影面,在承影面上有积聚性,可以根据其积聚投影与光线的同面投影的相对关系,来确定棱柱体侧棱面是阳面还是阴面。

作阴影的步骤如下。

(1)根据光线方向确定阴面、阳面,从而定出阴线。

如图7-10所示,四棱柱的四个侧棱面均垂直于 H 面,其 H 面投影积聚为矩形 $abcd$,由光线的 H 面投影 s 与 ab、bc、cd、da 各线段的关系,可以判断侧棱面 $AabB$ 和侧棱面 $AadD$ 是迎光的表面,为阳面;而侧棱面 $BbcC$ 和侧棱面 $DdcC$ 是背光的表面,为阴面。

上表面 $ABCD$ 为水平面,而光线是由上向下倾斜照射的,因此它必为阳面,底面必为阴面。

阳面与阴面的分界线 $bB-BC-CD-Dd-da-ab$ 即为四棱柱的阴线,能产生影线的阴线为 $bB-BC-CD-Dd$。

(2)由直线段落影规律逐段求出上述阴线的落影(即为棱柱落影的轮廓线)。

①求 bB 的影:bB 为铅垂线,垂直于承影面,其影与光线的 H 面投影平行。b 点的落影为其自身,用光线三角形法求 B 点的落影,即过 b 点作 s 的平行线与过点 B 的光线 S 交于 B_0,求得 bB 的落影 bB_0。

②求 BC 的落影:BC 平行于承影面,落影与其自身平行相等。所以过 B_0 作 BC 的平行线,截取 B_0C_0 长度与 BC 相等,即求得 BC 的落影 B_0C_0。

③求 CD 的落影:CD 也平行于承影面,所以过 C_0 作直线平行于 CD,截取 C_0D_0 与 CD 相等,即得 CD 的落影 C_0D_0。

④求 Dd 的落影:直接连接 dD_0 即得。

(3)将可见阴面和落影涂暗色,通常影暗于阴。

2. 棱锥的阴影

棱锥的阴影求法较为特殊,因为棱锥的各侧棱面通常为一般位置平面,其投影不具有积聚性,无法利用光线方向确定它的表面是阳面还是阴面,因此也就无法确定阴线。求棱锥落影的步骤与求棱柱的落影正好相反,一般是先求出锥顶的落影,再与锥底多边形的各顶点相连,其最外轮廓线才是棱锥的影线。由于阴线与影线有对应关系,由此就可以确定阴线及阴、阳面。

如图7-11所示,四棱锥置于水平面上,它的四条侧棱线是 TC、TD、TE 和 TF,先用光线三角形法求出锥顶 T 的影 T_0,则四条侧棱线的落影是 T_0C、T_0D、T_0E 和 T_0F。T_0C 和 T_0F 处于最外侧,这两条影线就是四棱锥的影线,即四棱锥落影的轮廓线。与影线相对应的棱线 TC 和 TF 就是四棱锥的两条阴线。阴线是阳面与阴面的分界线,根据光线的照射方向便可以定出阳面和阴面。图中光线是从左前上方向右后下方照射的,侧棱面 TCF 背光是阴面,其余三个侧棱面均为阳面。

3. 圆柱的阴影

对于直立圆柱来说,由于圆柱面在 H 面具有积聚性,与棱柱阴影的求作方法一样,用光线 S 和光线在水平面上的投影 s 来判别阴阳面和阴线。

如图7-12所示,作 s 的平行线与圆柱下底圆相切,得切点1和5,则素线 Ⅰ1 和 Ⅴ5 为

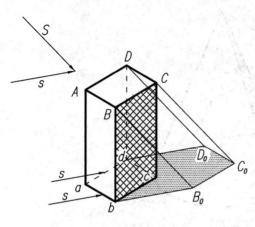

图 7 – 10　四棱柱的阴影

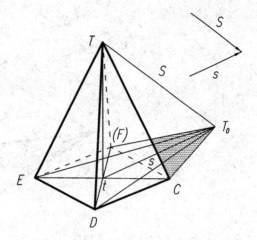

图 7 – 11　四棱锥的落影

圆柱面上的两段阴线。光线由右前上方射向左后下方,圆柱的上底面和右前侧面为阳面,左后侧面为阴面,则上底面与左后侧面的一段交线半圆弧 Ⅰ Ⅱ Ⅲ Ⅳ Ⅴ 为阴线。

　　求各段阴线的落影:用光线三角形法求出阴线上 Ⅰ、Ⅱ、Ⅲ、Ⅳ、Ⅴ 各点的落影 $Ⅰ_0$、$Ⅱ_0$、$Ⅲ_0$、$Ⅳ_0$、$Ⅴ_0$,再把这五个影点依次连接成光滑曲线 $Ⅰ_0 Ⅱ_0 Ⅲ_0 Ⅳ_0 Ⅴ_0$。影线 $Ⅰ_0 Ⅱ_0 Ⅲ_0 Ⅳ_0 Ⅴ_0$ 与阴线 Ⅰ Ⅱ Ⅲ Ⅳ Ⅴ 是两段完全相同的半圆弧,在轴测图中为完全相同的椭圆弧。另外两段影线是线段 $1Ⅰ_0$、和 $5Ⅴ_0$。

　　最后将阴、影着暗色。

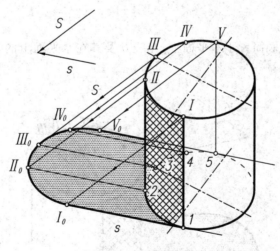

图 7 – 12　圆柱体的落影

4. 圆锥的阴影

　　圆锥的阴影求作方法与棱锥的阴影求作方法一样,也是先求出锥体的落影,再确定阴线和阴、阳面。

　　例 7.1　如图 7 – 13 所示,已知圆锥的轴测图及光线方向 S 及其在水平面上的投影 s,求圆锥的阴影。

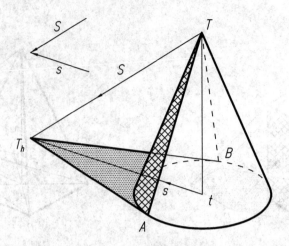

图 7 – 13　圆锥体的落影

作图过程

（1）用光线三角形法求得锥顶 T 的落影 T_h。

（2）过 T_h 作圆锥底圆的切线 T_hA 和 T_hB，得切点 A 和 B。T_hA 和 T_hB 即为圆锥表面的影线。

（3）连 TA 和 TB，即为圆锥面的阴线。

（4）光线是从右前上方向左后下方照射，由此定出圆锥的右前侧面为阳面，左后侧面为阴面。

（5）将阴、影涂暗色。

5. 圆筒内壁的阴影

例 7.2　已知直立圆筒置于水平面上，光线 S 及其在水平面上的投影 s 如图 7 – 14 所示，求作阴影。

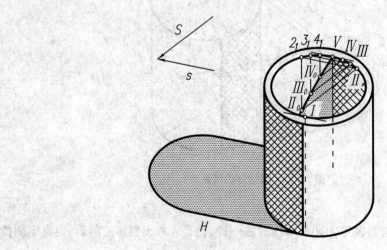

图 7 – 14　圆筒内壁的落影

作图过程

（1）求阴线：圆筒体有内外两个圆柱面，均有相应的阴线，注意内外圆柱圆弧部分阴线和阴面是相反的。外圆柱的阴线与图 7 - 12 一致。根据光线方向可以判定内圆柱阴线为过 Ⅰ、Ⅴ两点的直素线和 Ⅰ Ⅱ Ⅲ Ⅳ Ⅴ 段圆弧。

（2）求影线。

①圆筒在 H 面上的影与图 7 - 12 求法相同。

②圆筒内壁的影在自身表面上。

阴线圆弧 Ⅰ Ⅱ Ⅲ Ⅳ Ⅴ 的影：在此用光截面法。由于在轴测图中通常都不画虚线，下底面椭圆的虚线部分在图中没有画出。这种情况下求影，可不用下底面椭圆，而改用上口椭圆，相当于把光线三角形旋转了 180°（因为上下椭圆是平行且相等的）。阴点 Ⅲ 的落影 $Ⅲ_0$ 的求法：过点 Ⅲ 的直素线为一条铅垂线，含该素线的光平面与平面 H 的交线必平行于 s，此光平面截圆筒内壁得交线 $Ⅲ3_1$。因此，过点 Ⅲ 作 s 的平行线与圆筒内壁交 3_1 点，过点 Ⅲ 作 S 的平行线与过 3_1 的竖直线相交即得点 Ⅲ 的落影 $Ⅲ_0$。同样原理和方法可求得圆筒内壁上一系列影点。光滑连接这些点即得 Ⅰ Ⅱ Ⅲ Ⅳ Ⅴ 圆弧在圆筒内壁上的落影。

内圆柱两条直素线的影就是其自身，为过 Ⅰ、Ⅴ两点的竖直线。

其余不可见的影线均可不画出。

（3）将阴、影分别着色。

7.3　建筑细部的阴影

作为建筑相关专业，求作建筑细部的阴影是基本要求。建筑细部阴影的求作与前述几何元素和基本几何体的阴影求作有很大的不同。求作建筑细部阴影时必须认真识读所给图形，分析阴阳面和承影面以及阴线与承影面的关系。因为对于建筑形体来说，其阴和影大多在建筑物自身上，是某一建筑细部在另一建筑细部上的落影。与前述相比，承影面的层次和落影的形状及位置都要复杂得多。尽管如此，仍然能够将复杂的建筑形体分解成若干个简单的形体来求其阴和影。建筑细部的求影方法，仍然是前面已经讲述过的几种方法，归纳起来有光线三角形法、光截面法、延棱扩面法、回投光线法及虚影法等。用什么方法更简单，应具体情况具体分析。

7.3.1　方帽圆柱的阴影

例 7.3　图 7 - 15 所示为方帽圆柱的轴测图，且已知方帽上点 A 在圆柱表面的落影为点 A_0，求方帽圆柱的阴影。

解题分析　本例的关键是求出方帽在圆柱面上的落影。方帽上的 BA 和 AC 两段直阴线在圆柱面上的落影为含 BA 和 AC 的两个光平面与圆柱的交线，根据画法几何知识可知，交线是两段椭圆弧线，它们就是方帽在圆柱面上的影线。该题的作图方法为光线三角形法。

作图过程

（1）求光线 S 及其投影 s：方帽底面与水平面平行，因此把它设为 H 面。连 AA_0 即得光线 S 的方向；过 A_0 作铅垂线交圆柱与方帽的交线于 a_0，直线 Aa_0 即为光线的水平投影 s 的方向。$\triangle Aa_0A_0$ 为光线三角形。

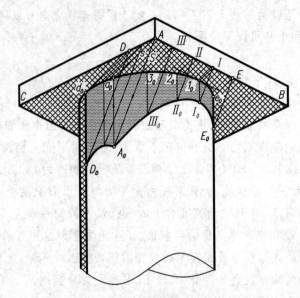

图 7-15 方帽圆柱的阴影

（2）求阴线：AB 和 AC 为方帽上的两段有落影的阴线；平行于 s 作圆柱与方帽交线圆的切线，得切点 d_0，过 d_0 的一条直素线为圆柱面上的一条可见阴线，圆柱面上阴线的影落于地面，在图上没有画出（圆柱上的另一条阴线不可见，不需画出）。

（3）求影线。

① 阴线 AB 的影线：先求圆柱右轮廓线上的影，由圆柱右轮廓线上的 e_0 点作反方向 s 的平行线交阴线 AB 于 E 点，再由 E 作光线 S 的平行线交轮廓线于 E_0。在 A、E 点之间取 Ⅰ、Ⅱ、Ⅲ 点，运用光线三角形法求得 Ⅰ、Ⅱ、Ⅲ 的影点 I_0、II_0、III_0。各光线三角形中，最小的光线三角形 $I1_0I_0$ 中的 I_0 点为落影的最高点（点 1_0 为与 AB 平行并与圆柱和方帽交线圆相切的切点）。光滑连接 E_0、I_0、II_0、III_0、A_0 成椭圆弧线，即求得阴线 AB 在圆柱面上的影线。

② 阴线 AC 的影线：由圆柱阴线上的 d_0 点作反方向 s 的平行线交阴线 AC 于 D 点，再由 D 作 S 的平行线交圆柱阴线于 D_0。AC 边只有 AD 段在圆柱上有影线，AD 段较短，在中间任取一点作光线三角形求得其影点，光滑连接三个点即可。

（4）阴面和落影分别着色。

7.3.2 台阶的阴影

台阶是建筑物中最为常见的构件之一，在室内、室外都能见到台阶。

例 7.4 如图 7-16 所示，已知台阶的轴测图及台阶右侧挡板上的一点 A 的落影 A_0，求阴影。

解题分析及作图过程

本例采用的主要作图方法是延棱扩面法，这是根据直线段的落影规律"若直线与承影面相交，则影必过其交点"而得的一种作图方法。因为在具体的例子中，阴线与承影面可能在图上并没有交点，这时可以扩大承影面或延长阴线使其产生交点，落影必过此交点，这就是所谓的延棱扩面法。

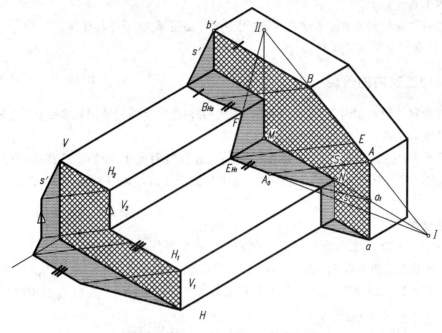

图 7 - 16　台阶的阴影

(1)由已知点 A 的影 A_0 定出空间光线 S 和投影 s：连接 AA_0 得 S；延长 MN 与 Aa 相交于 a_1(MN 为 H_1 面与台阶挡板左侧面的交线，延长 MN 即扩大了 H_1 面)，$a_1 A_0$ 即为光线的水平投影 s。

(2)求阴线：根据光线的照射方向可以确定挡板的阴线为折线 $aA - AB - Bb'$。台阶的阴线为踏步和踢步的左侧轮廓线。

(3)求影线。

①阴线 aA 的影：aA 为铅垂线，其影分别落在地面 H、第一个踢面 V_1 和第一个踏面 H_1 面上。在 H 面上的影为与 s 平行的方向线，与 V_1 与 H 的交线相交于一点；aA 与 V_1 平行，则影与 aA 平行，与 V_1 与 H_1 的交线相交于一点；由此连接 A_0，aA 的三段落影均已求出。

②阴线 AB 的影：因为 A_0 在 H_1 面上，AB 的影肯定有一段落在 H_1 面上。AB 与 H_1 是倾斜的关系，其影不能直接求出。故延长阴线 BA 与交线 MN 的延长线相交于 I 点，也就是扩展承影面 H_1，即 BA 与 H_1 交于 I 点。BA 在平面 H_1 上的落影必过 I 点，为此连接 IA_0 并延长交 V_2 与 H_1 的交线于 E_{H_1} 点，$A_0 E_{H_1}$ 为 AB 在平面 H_1 上的落影。显然这段影线是 AB 落影的一部分，AB 的影还将落于 V_2 面，AB 与 V_2 的关系仍是倾斜的，延长 AB 与 V_2 和台阶挡板左侧面交线的延长线相交于 II，则 AB 在平面 V_2 上的落影必过 II 点。连 E_{H_1} II 交 H_2 和 V_2 的交线于 F 点，$E_{H_1}F$ 为 AB 在平面 V_2 上的落影。过 B 点作光线 S 的平行线仍未与 $E_{H_1}F$ 相交，则 AB 还有一段影落在 H_2 面上。由于 H_1 与 H_2 平行，又因为同一条阴线在两个平行面上的影平行，所以过 F 点作直线与 $A_0 E_{H_1}$ 平行，并与过 B 点的光线 S 相交于 B_{H_2}。从 A_0 到 B_{H_2} 的折线就是 AB 的落影。

③阴线 Bb' 的影：Bb' 平行于 H_2，垂直于 V，所以求影非常方便。过 B_{H_2} 作 Bb' 的平行线交 V 与 H_2 的交线于一点，连接此点和 b'，就求出了其在 H_2 和 V 面上的影。在 V 面上的影线也

是光线的 V 面投影 s'。

④踏步左侧的阴线求影非常简单,在图中有详细图解,此处不再详述。

(4)阴面和落影分别着色。

7.3.3　门在室内的落影

光线由室外射入室内,门或窗框和窗户上的分格会在室内的地面和墙壁上产生阴影,这是室内装饰效果图中常用的一个场景。

例7.5　如图7-17所示,正面墙上开一门,阳光或月光由室外而入,图中已知点 A 的落影 A_0,忽略墙的厚度,作室内的阴影。(图中只画出了两面墙及地面,忽略了其他墙及屋顶部分)

作图过程

设地面为平面 H,正墙面为平面 V,侧墙面为平面 W。

(1)根据 A 点的落影 A_0,定出空间光线 S 及投影 s、s'':连接 AA_0 得 S;过 A 点作 H 面的垂线,交 H 面于 I 点,连接 I A_0 得 s;由 A 作 W 面的垂线,得交点 II,同时过 A_0 作 AD 的平行线,交 W 面于 IV$_0$ 点,连 II IV$_0$ 即为 s''。

(2)确定阴线:在忽略墙厚的情况下,阴线即为门的轮廓线。

(3)求门的落影。

①阴线 AB 的落影在 H 面上,延长 AB 与 H 面交于 II 点,连接 II A_0,再过 B 点作 S 的平行线交 II A_0 于 B_0,则求得 AB 在 H 面的落影 A_0B_0。B 点的落影 B_0 也可用光线三角形法求得,即过 B 点作 H 面的垂线,交 H 面于 III 点,过 III 作 s 的平行线,与过 B 点的 S 的平行线相交于 B_0。

②阴线 BC 的落影。因为 C 点就在 H 面上,C 点落影为自身,直接连接 CB_0 即得 BC 的落影。

③AD 为垂直于 W 面、平行于 H 面的直线,它的一部分影落在 H 面上,即 A_0 IV$_0$,由 IV$_0$ 返回光线到 AD 上的 IV 点,D IV 部分的落影在 W 面上。因 AD 为垂直于 W 面的线,所以 AD 在 W 面上的落影为 s'' 方向,过 D 作 S 的平行线交 s'' 于 D_0 点,则 IV$_0D_0$ 为 AD 在 W 面的落影。

④DE 的影落在 W 面上,已经求出了 D 点的落影,延长 DE 交 W 面与 V 面的交线于 VI 点,连接 VID_0,过 E 点作 S 的平行线,交 VID_0 于 E_0,即求出 DE 的落影。当然 E 点的落影也可以根据光线三角形法求得。

⑤由于 E 点的落影在 W 面上,F 点在 H 与 V 面的交线上,所以 EF 必然在 W 面和 H 面都有落影,即为一条折线。已经求出 E 点的落影,求 EF 的 W 面落影可以采用延棱扩面法,延长 FE 交 W 面与 V 面的交线于 VII 点,连接 VIIE_0 并延长交 W 面与 H 面的交线于 VIII 点,E_0 VIII 即为 EF 在 W 面上的落影。最后连接 VIIIF,求得 EF 在 H 面上的落影。

(4)着色。这时需注意,与前面有所不同的是,光线由室外射入室内的光柱体与承影面相交的部分颜色较浅,光没照着的部分较深,如图7-17所示。

7.3.4　雨篷及墙面突出物的阴影

雨篷通常是指窗户上面或门框上面的防雨设施,在建筑物中常见。在阳光下雨篷的不

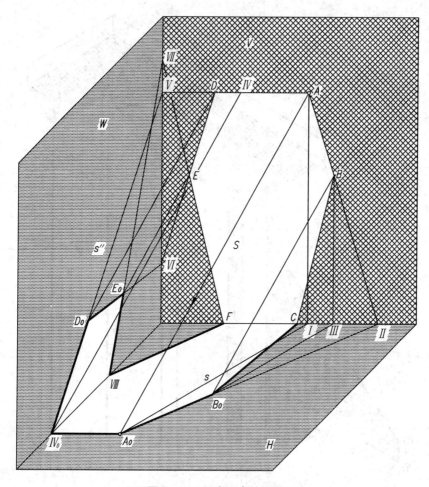

图 7 - 17　门在室内的阴影

同形式及墙面突出物的形状和位置变化会使阴和影产生丰富的效果。

　　例 7.6　图 7 - 18 为雨篷及墙面突出物的轴测图。已知雨篷上点 A 在隔板上的落影 A_0，求阴影。

　　作图过程

　　设雨篷下表面为 H 面，墙面为 V 面，隔板前表面为 V_1、V_2，隔板右侧面为 W、W_1。

　　(1)根据 A 点的落影 A_0 定出空间光线 S 及其投影 s、s'、s''：连接 AA_0 得空间光线 S；过 A_0 作 H 面的垂线交 H 面于 1 点，连接 $A1$ 得 s；延长 V_1 面与 H 面的交线，交 AD 于 2 点，连接 $2A_0$ 得 s'；延长 W_1 面与 H 面的交线，交 AB 于 5 点，过 A_0 作 W_1 面的垂线交 W_1 面于 5_0 点，连接 55_0 得 s''。

　　(2)确定阴线。雨篷的阴线为折线 $DA - AB - BC - CE$，突出物部分的阴线为过 7_1 和 6_1 的棱线。

　　(3)求落影。

　　①阴线 AD 的影：因为阴线 AD 垂直于平面 V，故 AD 在平面 V 上的落影 $D4_0$ 必平行于 s'；AD 又平行于平面 W，故 AD 在 W 面上的落影 4_03_0 平行于自身；3_0A_0 为 AD 在 V_1 面上的影。阴线 AD 的落影为折线 $D4_0 - 4_03_0 - 3_0A_0$，点 3_0、4_0 为折影点。

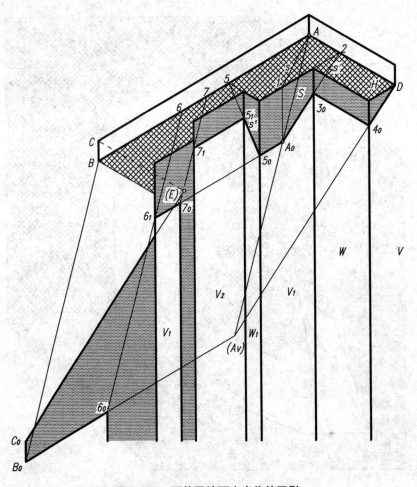

图 7 – 18 雨篷及墙面突出物的阴影

②阴线 AB 的落影:AB 在墙面 V 和突出物的前表面 V_1、V_2 及侧表面 W_1 均有落影。因 AB 平行于 V、V_1、V_2 面,故在这些面的落影与其自身平行。$A_0 5_0$、$7_0 6_1$ 为 AB 在 V_1 面的落影;AB 垂直于 W_1,则在 W_1 上的落影与 s'' 平行,即为 $5_0 5_1$,5_1 为 AB 在 W_1 面和 V_2 面上落影的折影点,由 5_1 作 $5_1 7_1$ 平行于 AB,即为 AB 在 V_2 面上的影。从 6_1 作返回光线交 AB 于 6 点,这说明 6_1 点是 6 点的落影,直线 AB 的影还有一部分 $6B$ 没有求完,则说明 AB 在 V 面上还有落影。AB 平行于 V 面,延长 $D4_0$ 和 AA_0 交于 (A_v),这是 A 点在 V 面上的虚影,作 $A_v B_0$ 与 AB 平行等长,得 B 点的落影 B_0,则 $6_0 B_0$ 为 AB 在 V 面的影。至此 AB 线段的影全部求出。

③其余阴线的落影:阴线 BC 在平面 V 上的落影 $B_0 C_0$ 与 BC 平行且等长;阴线 CE 平行于 AD,过 C_0 作直线平行于 s',即得 CE 在平面 V 上的落影。

两条铅垂阴线的影分别落在 V_1 和 V 上,过 7_1 作 S 的平行线交 $6_1 7_0$ 于 7_0,过 7_0 向下作竖直线,则得包含 7_1 的阴线的落影,7_0、7_1 为滑影点对。同理,延长 66_1 交 $B_0 6_0$ 于 6_0,过 6_0 向下作竖直线,则得包含 6_1 的阴线的落影,6_0、6_1 为滑影点对。

④阴面和落影分别着色。

第8章　正投影图中的阴影

8.1　光线与常用光线

在现实环境中,光线可分为三类:平行光线、辐射光线和漫射光线。由于在漫射光线照射下不可能产生稳定明确的阴线与影线,因此一般在求作阴影时不考虑漫射光线。

在投影图中加绘阴影,一般采用平行光线来描绘日光照射下产生的阴影,个别场合也可用辐射光线来模拟单个球形灯光下的阴影。平行光线的方向本可任意选定,但在正投影图中求作阴影时,为了作图及度量上的方便,通常采用一种特定方向的平行光线。这种光线在空间方向上和正立方体的一条体对角线方向一致。而该立方体的各棱面平行于相应的投影面,如图 8-1(a)所示。光线的方向就是该立方体自左、前、上方的顶点引到右、后、下方顶点的对角线 L 的方向。这种方向的平行光线,特称为常用光线或习用光线。常用光线的三面正投影 l、l'、l'',均与轴线成 45°角。为了叙述方便,以后就将光线的投影称为"45°光线"或"45°线",如图 8-1(b)所示。

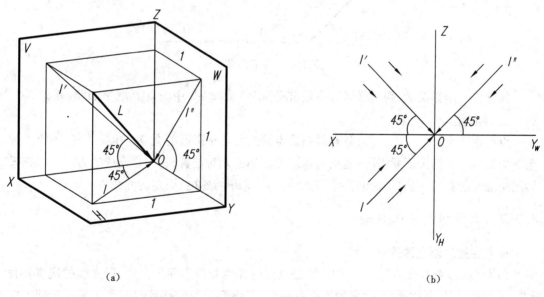

(a)   (b)

图 8-1　常用光线

在正投影图中按常用光线求作阴影,能充分发挥 45°三角板的作用,使作图方便、快捷,并且在某些特殊情况下,可使求得的阴影能反映出一些形体的空间形状和相互间的度量关系。在某些场合,对个别形体如按常用光线求作阴影效果不够理想时,也可以根据需要,适当地改变平行光线的方向,但常用光线下的某些阴影规律就可能体现不出来。

8.2　点的落影

8.2.1　基本概念

　　空间一点在任何承影面上的落影仍然是一个点。如图 8 - 2 所示,在光线的照射下,空间一点 A 仅能阻挡一条光线 L 的进程,从而形成的遮挡通道是一条直线。今有一平面 P 与此直线型遮挡通道相交,则平面 P 上就会出现一个得不到光线 L 照射的暗点,这就是点 A 在 P 平面上的落影 A_p。实际上,点的落影就是这样产生的。但是为了叙述方便起见,将点的落影简单地说成是通过该点引出的一条假想的光线与承影面的交点。可见,求作点的落影,实质上就是求作过该点的直线与面交点的问题。

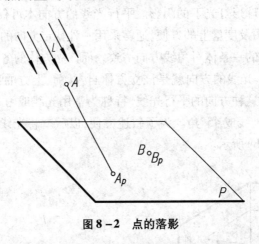

图 8 - 2　点的落影

　　如点位于承影面上,则其落影与该点自身重合。图 8 - 2 中的点 B 就是如此,其影 B_p 与点 B 自身重合。

　　点在某个承影面上的落影,就是射向该点的光线与承影面的交点。也就是说,一个点的落影位置取决于两个因素:其一是点与承影面之间的相对位置;其二是光线的方向。在正投影图中加绘阴影时,光线采用的是常用光线,是一个很特殊的、固定的光线方向。

8.2.2　点落影的求作方法

1. 点在投影面上的落影

　　(1)当承影面为投影面时,点的落影是过点的光线与投影面的交点,即光线的迹点。我们知道,在两面投影体系中,这样的迹点有两个,究竟哪一个迹点是空间点 A 的落影呢?这要看过点 A 所引光线,首先与哪个投影面相交,在首先相交的那个投影面上的迹点就是所求的落影。如图 8 - 3(a)所示,过点 A 的光线 L 首先与 V 面相交,因此,正面迹点 A_v 就是点 A 的落影。如设想 V 面是透明的,则点 A 还将落影于 H 面上,即水平迹点 A_h。此影称为点 A 的虚影(因 V 面并非透明的,此影仅是假想的),一般不必画出,但以后在解题过程中有时需用它作为辅助点。

　　(2)图 8 - 3(b)为求作点落影的投影图,点 A 的落影 $A_v(a_v')$ 与其投影 a' 之间的水平距

离与铅垂距离 d 都正好等于点 A 对 V 面的距离,即投影 a 对 OX 轴的距离。这就是说,空间点在某投影面上的落影,与其同面投影间的水平距离和垂直距离,都正好等于空间点对该投影面的距离。这是在常用光线下,点在投影面上的落影规律。

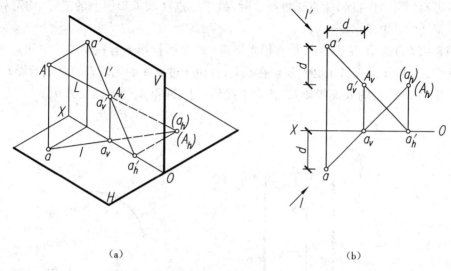

图 8 - 3　点在投影面上的落影

（3）点在任何投影面平行面上的落影也同样体现上述规律。如图 8 - 4(a)所示,点 $A(a,a')$ 在正平面 P 上的落影 $A_p(a_p,a_p')$ 是利用了承影面 P 的水平投影 p 的积聚性来求出的。由图中可以看出: a' 和 a_p' 之间的水平距离和铅垂距离 d 都等于点 A 对 P 面的距离。

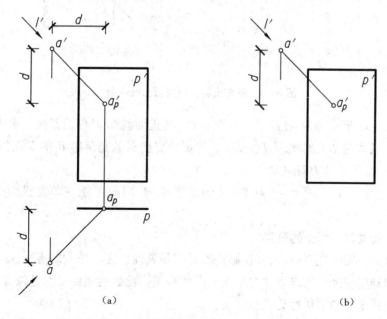

图 8 - 4　点在投影面平行面上的落影

因此只要给出了点与投影面平行面的距离,就可以在单独一个投影中求作点在该承影面上的落影。如图 8 - 4(b)所示,即过 a' 作光线 l',在 a' 的右下方取一点 a_p',使它与 a' 的铅垂(或水平)距离等于点 A 对正平面 P 的距离 d,则此点 a'_p 即为点 A 在 P 面上落影的 V 面投影。这种求影的方法称为单面作图法。

2. 点在投影面垂直面上的落影

当承影面(平面或柱面)垂直于投影面时,欲求一点在该承影面上的落影,均可利用承影面有积聚性的投影来作图。

如图 8−5(a)所示,承影面 P 是一铅垂平面,其 H 面投影 p 有积聚性。空间点 A 在 P 面上的落影 A_p,其 H 面投影 a_p 必然积聚在 p 上,且位于过点 A 的光线 L 的 H 面投影 l 上。P 与 l 的交点,即落影 A_p 的 H 面投影 a_p,由此上投到 l' 上,即得 A_p 的 V 面投影 a'_p。

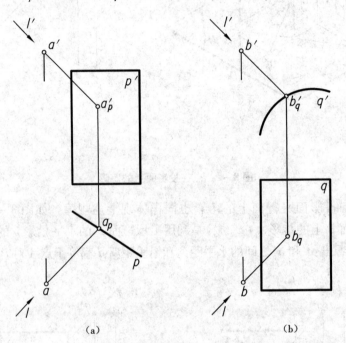

(a)　　　　　　　　(b)

图 8−5　点在投影面垂直面上的落影

如图 8−5(b)所示,承影面 Q 是一正垂柱面,其正面投影 q' 有积聚性。求 B 点在柱面上的落影 B_q。首先过 B 点作光线 $L(l,l')$,l' 与 q' 的交点 b'_q 就是落影 B_q 的 V 面投影;由此下投到 l 上得 b_q,就是 B_q 的 H 面投影。

要注意此二例不存在图 8−3 和 8−4 的落影规律,因此不能在单面投影中求作点的落影。

3. 点在一般位置平面上的落影

当承影面为一般位置平面时,其投影均不具有积聚性。为求作点的落影,就要按画法几何中讲述过的利用辅助平面求直线与平面交点的步骤。此处的辅助平面是包含光线的特殊位置平面。这种求影的方法称为光截面法。

如图 8−6 所示,求作空间点 $A(a,a')$ 在一般位置平面 Q 上的落影。首先过 A 点引光线 $L(l,l')$,然后包含光线 L 作一铅垂的辅助平面 P。利用辅助平面 P 的 H 面投影 p 的积聚性,求得 P 面与承影面 Q 的交线 Ⅰ Ⅱ $(12,1'2')$,此交线 Ⅰ Ⅱ 与光线 L 的交点 $A_q(a_q,a_q')$ 就是 A 点在 Q 平面上的落影。

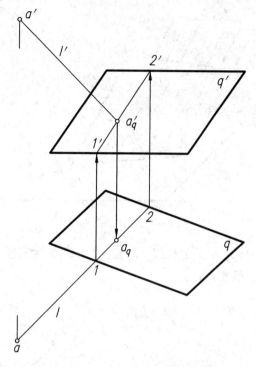

图 8 - 6　点在一般位置平面上的落影

　　当承影面为立体表面时,点的落影为含该点的光线与立体表面的交点,即光线在立体表面上的贯穿点。

8.3　直线的落影及落影规律

　　在光线的照射下,直线在空间形成的遮挡通道是平面。当承影面与平面型的遮挡通道相遇时,在承影面上就会出现直线的落影。但为了叙述方便,就将直线在某承影面上的落影,看作射于该直线上各点的光线所形成的平面(称为光平面)经延伸后与承影面的交线。

　　当承影面为平面时,直线在其上的落影一般仍为直线。因此,求直线在平面上的落影,本质上就是求作两平面的交线。如直线平行于光线的方向,则其落影成为一点。如图 8 - 7 所示,AB 线的落影为一直线,CD 的落影为一点。

8.3.1　直线在平面上的落影

　　求作直线段在一个承影平面上的落影,只要作出线段上两端点(或直线上任意两点)的落影,连成直线即可。

　　如图 8 - 8 所示,所绘直线 $AB(ab,a'b')$ 落影于 V 面上,分别过直线上两端点 $A(a,a')$、$B(b,b')$ 引光线,求出这两条光线的正面迹点 $A_v(a'_v)$ 及 $B_v(b'_v)$,则连线 $A_vB_v(a'_vb'_v)$ 就是直线 AB 在 V 面上的落影。

　　如图 8 - 9 所示,承影面为铅垂面 P,其水平投影 p 有积聚性。利用积聚性,分别求出直

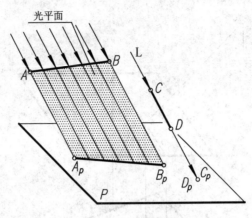

图 8-7　直线的落影

线上两端点 A、B 的落影 $A_p(a_p,a'_p)$ 及 $B_p(b_p,b'_p)$。直线 $a'_pb'_p$ 为直线落影 A_pB_p 的 V 面投影，而 A_pB_p 的 H 面投影 a_pb_p 则积聚在 p 上。

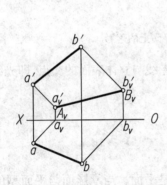

图 8-8　直线在投影面上的落影

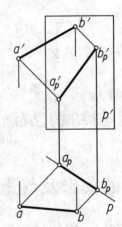

图 8-9　直线在铅垂面上的落影

如图 8-10 所示，承影面为一般位置平面 Q，求直线 AB 在 Q 面上的落影。按图 8-6 所示方法，分别求出 A、B 两端点的落影 $A_q(a_q,a'_q)$ 及 $B_q(b_q,b'_q)$，则连线 a_qb_q、$a'_qb'_q$ 就是所求直线落影的两个投影。

8.3.2　直线的落影规律

1. 平行规律

（1）若直线段平行于承影面，则落影与该线段的同面投影平行且等长。

如图 8-11 所示，求作直线 AB 在铅垂面 P 上的落影。从 H 面投影中看出 $ab/\!/p$，故可知直线 AB 是与 P 面平行的。因此，直线 AB 在 P 面上的落影 A_pB_p 必然平行于 AB 本身，且等长。它们的同面投影也一定平行且等长。根据这样的分析，只需求出直线 AB 一个端点的落影如 a'_p，即可作出与 $a'b'$ 平行且等长的落影 $a'_pb'_p$。

（2）两平行直线在同一承影面上的落影彼此平行。

如图 8-12 所示，AB 和 CD 是两平行直线，它们在 P 面上的落影 A_pB_p 和 C_pD_p 必然互相

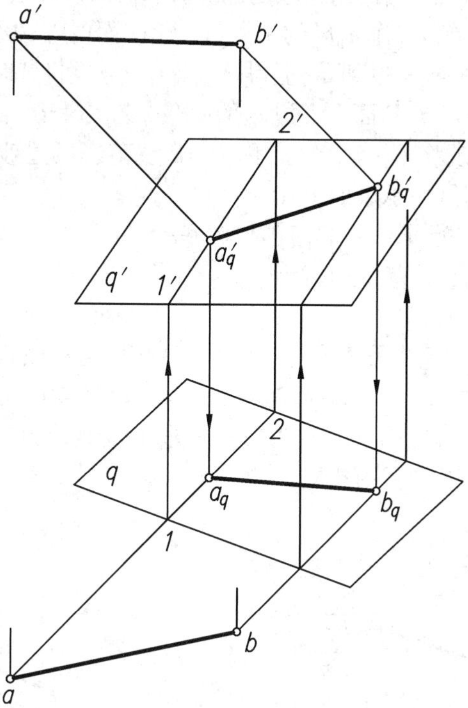

图 8 - 10　直线在一般位置平面上的落影

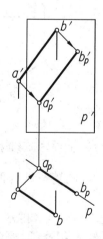

图 8 - 11　直线在其平行平面上的落影

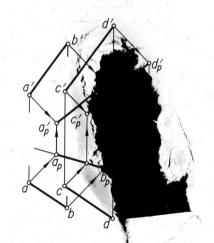

图 8 - 12　平行二直线的落影仍然平行

平行。它们的同面投影也一定互相平行。因此,可先求出其中一条直线的落影如 $a'_p b'_p$,则另一直线 CD 只需求出一个端点的落影 c'_p ,就可引出与 $a'_p b'_p$ 平行的落影 $c'_p d'_p$ 。

（3）一直线在互相平行的承影面上的落影彼此平行。

如图 8 - 13 所示,承影面 P 和 Q 是互相平行的,故过直线 AB 的光平面与两个平行平面相交的两条交线必然互相平行,也就是两段落影互相平行。这两段落影的同面投影当然也互相平行。图中首先作出端点 A、B 的落影 $A_p(a_p, a'_p)$ 和 $B_q(b_q, b'_q)$,它们分别位于两个承影面上。因此,A_p 和 B_q 两个影点是不能连线的。这就是说,AB 线分为两段,它们分别落影于 P

面和 Q 面上。为此,可求出点 B 在 P 面上的虚影 $B_p(b_p, b'_p)$,连线 $a'_p b'_p$,左边一段即直线 AB 在 P 面上的落影。再过影点 b'_q,作 $a'_p b'_p$ 的平行线,与 Q 面的左边线相交于 c'_q 点,自 c'_q 点作 45°线返回到 $a'b'$ 上得 c',由 c' 下投到 ab 上得 c。点 $C(c, c')$ 将 AB 线段分为两段。BC 段落影于 Q 面上,而 AC 段则落影于 P 面上。过 c'_q 的 45°线交 $a'_p b'_p$ 于 c'_p 点,$c'_p b'_p$ 线段只是 CB 段在 P 面上虚影的 V 面投影。现将 $C_q(c_q, c'_q)$ 点称为 AB 线落影的过渡点,意即 AB 线在 Q 面的落影经由过渡点 C_q 过渡到另一承影面 P 上。

(4)诸平行直线在诸平行承影面的落影彼此平行。

(5)平行于光线的直线,其落影积聚为一点。

2. 相交规律

(1)直线和承影面相交,直线的落影(或延长后)必然通过该直线与承影面的交点。

如图 8 - 14 所示,直线 AB 与承影面 P 相交于点 B。交点 B 在 P 面上,故其落影 $B_p(b_p, b'_p)$ 与该点 $B(b, b')$ 本身重合。因此,作图时,只需求出该直线另一个端点 A 的落影 $A_p(a_p, a'_p)$,连线 $a'_p b'_p$ 即为直线落影的 V 面投影。

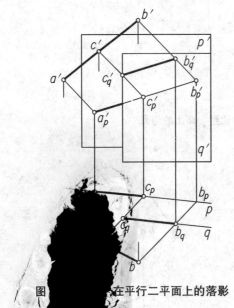

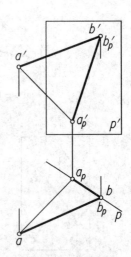

图　　　　　在平行二平面上的落影　　　　图 8 - 14　直线与承影面相交

(2)　　　　在同一承影面上的落影必然相交,且交点的落影即为两直线落影的交点。

　　图 8 - 15 所示,直线 AB 和 CD 相交于 K 点。图中首先求出交点 K 的落影 $K_p(k_p, k'_p)$,再在两直线上各求出一个端点的落影,如 a'_p、c'_p,然后分别与 k'_p 相连,即得两相交直线的落影。

(　　)一直线在两相交平面上的落影为一折线,折影点在两平面的交线上。

如图 8 - 16 所示,直线 AB 在相交二平面 P 和 Q 上的落影,实际上是过 AB 的光平面与二承影平面的交线。作为影线的两条交线,与 P、Q 两面间的交线,必然相交于同一点(即三面共点),这就是折影点 K_1。图中首先作出直线上两端点 A、B 分别在 P 面和 Q 面上的落影 $A_p(a_p, a'_p)$ 和 $B_q(b_q, b'_q)$。至于直线 AB 在 P 面和 Q 面上的两段落影,图中展示了三个解题途径。①由折影点 K_1 的 H 面投影 k_1 引 45°线,返回到 AB 线上得点 $K(k, k')$,则点 K 的落影正好位于 P、Q 两面交线上,而成为折影点。由 k' 作 45°线返回到 $a'b'$ 上即可得到折影点的 V 面投影 k'_1。连线 $a'_p k'_1$ 和 $k'_1 b'_q$ 就是所求的两段影线的 V 面投影。②求出端点 B 在 P 面的扩

大面上的虚影 $B_p(b_p,b_p')$,连线 $a_p'b_p'$ 与 P、Q 两面交线相交,也可得折影点 k_1',再与 b_q' 相连,$a_p'k_1'$ 和 $k_1'b_q'$ 即为所求。③求出直线 AB 与 P 面的扩大面的交点 $C(c,c')$,连接 a_p' 和 c' 两点,同样求得折影点 k_1',则 $a_p'k_1'$ 和 $k_1'b_q'$ 即为所求。

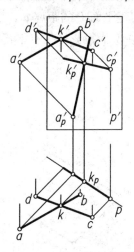

图 8 – 15　相交二直线的落影

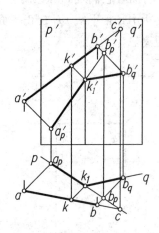

图 8 – 16　直线在相交二平面上的落影

图 8 – 17 所示是直线 AB 在两个投影面上的落影。图中是利用点 B 的虚影 B_h,与影点 A_h 相连,从而在 OX 轴上得到折影点 K。连线 A_hK 和 KB_v 就是所求的两段落影。

3. 垂直规律

（1）某投影面垂直线在任何承影面上的落影,在该投影面上的投影是与光线投影方向一致的 45°直线。

如图 8 – 18 所示,铅垂线 AB 在地面 H 和房屋上的落影,实际上就是通过 AB 线所引光平面与 H 面和房屋表面的交线。由于 AB 线垂直于 H 面,所以该光平面也垂直于 H 面。光平面的 H 面投影有积聚性,且与光线的 H 面投影方向一致。所以光平面与 H 面及房屋表面相交所得到的落影,其 H 面投影均积聚在光平面的 H 面投影上,成 45°直线。

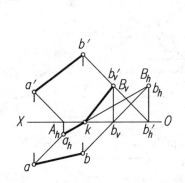

图 8 – 17　直线在两个投影面上的落影

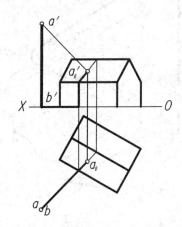

图 8 – 18　投影面垂直线的落影在
该投影面上的投影为 45°线

图 8 – 21 所示是铅垂线 AB 在组合的承影面上的落影,尽管组合承影面内还包含柱面,在柱面上的一段落影是曲线,但在 H 面投影中仍表现为 45°直线。

（2）某投影面垂直线在另一投影面（或其平行面）上的落影，不仅与原直线的同面投影平行，且其距离等于该直线到承影面的距离。

图 8-19 为铅垂线 AB 与侧垂线 BC 在正平面 P 上的落影。在 V 面投影中，不仅 $a'_pb'_p /\!/$ $a'b'$，$b'_pc'_p /\!/ b'c'$，而且它们之间的距离等于这两条直线与正平面 P 的距离 d。

图 8-20 所示是正平线 EF 在正平面 P 上的落影，在 V 面投影中仅有平行的特征，而不反映其间的距离。

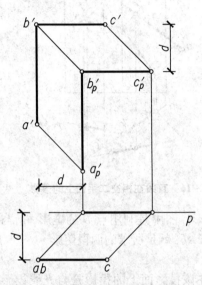

图 8-19 投影面垂直线在另一投影面
平行面上的落影

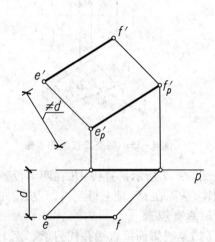

图 8-20 投影面平行线在该投影面
平行面上的落影

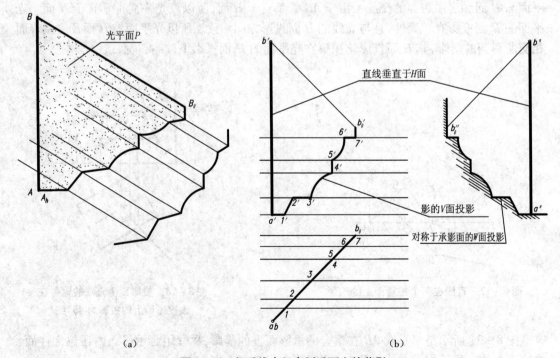

（a）   （b）

图 8-21 铅垂线在组合侧垂面上的落影

（3）投影面垂直线在任何物体表面上的落影在该直线所垂直的投影面的投影为 45°线，影的其余二投影为对称图形。

如图 8 − 21（b）所示，AB 线为一铅垂线，承影面是由一组垂直于 W 面的平面和柱面组合而成的。因此，AB 线在此组合承影面上的落影，在 H 面的投影表现为 45°线；其 W 面投影与承影面的 W 面投影重合；而其 V 面投影表现为与承影面有积聚性的 W 面投影呈对称形状。图 8 − 21（a）为铅垂线落影的轴测图。

如图 8 − 22 所示，CD 线为侧垂线，承影面是由几个铅垂面组合而成的。CD 线在此承影面上的落影，其 V 面投影与承影面有积聚性的 H 面投影呈对称形状。

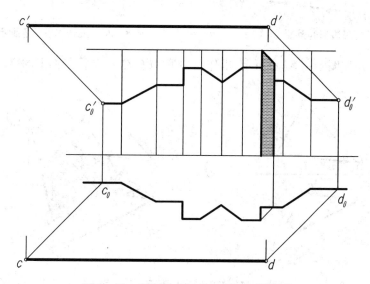

图 8 − 22　侧垂线在组合铅垂面上的落影

上述直线落影的各项规律，必须深刻理解融会贯通，这将有助于正确而迅速地求作建筑设计图中的阴影。

8.4　平面图形的阴影

8.4.1　平面多边形的落影及落影规律

平面多边形的落影轮廓线即影线，就是多边形各边线落影的集合。

如图 8 − 23 所示，照射在平面四边形 $ABCD$ 上的光线受到阻挡，在平面的另一侧空间形成一个四棱柱的遮挡通道，它与承影面 P 相交，得到的截交线也是一个四边形 $A_pB_pC_pD_p$。在此四边形范围内因得不到光线的直射，而成为平面四边形 $ABCD$ 的落影。影的边线即影线，即为四边形 $ABCD$ 相应各边线的落影。求作多边形的落影，首先作出多边形各顶点的落影，然后用直线顺次连接起来，即得到平面多边形的落影。

图 8 − 24 是一个五边形 $ABCDE$ 在 V 面上落影的作图过程。首先过五边形各顶点引光线，求出这些光线的 V 面迹点，即各相应顶点的落影，然后将各顶点的落影顺次连接起来，就得到五边形的落影 $A_vB_vC_vD_vE_v$。

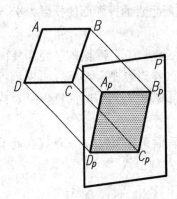

图 8－23　四边形的落影

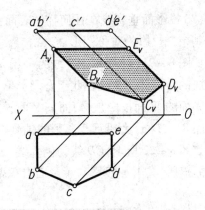

图 8－24　五边形在投影面上的落影

例 8.1　已知如图 8－25(a)所示,求作三角形 ABC 在 V、H 投影面上的落影。

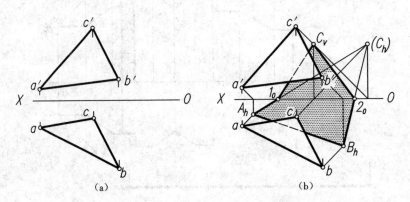

(a)　　　　　　　　　　　　(b)

图 8－25　三角形在投影面上的落影

解题分析

平面多边形的轮廓边均为阴线,宜逐条依次作图。当同一条阴线的两个端点均落影于同一个承影面时可直接连线,否则应利用虚影点找出折影点来完成作图。

作图过程

阴线 AB 全部落影于 H 面,直接连线 A_hB_h 即为对应影线;顶点 C 落影于 V 面,其实影为 C_v,虚影为 C_h;遵循"同一条线段的两个端点只有落在同一个承影面上方可连线"的作图原则,分别连线 A_hC_h、B_hC_h,得折影点 1_0、2_0,再连线 1_0C_v、2_0C_v,得折线 $A_h1_0C_v$、$B_h2_0C_v$,即为阴线 AC、BC 的 H、V 面落影;最后,将影线 $A_hB_h2_0C_v1_0A_h$ 适当描深,填充细密网点(被 $\triangle ABC$ 投影遮挡的部分不填),突出影区,完成作图,如图 8－25(b)所示。

8.4.2　平面图形的阴面和阳面的判别

(1)在光线的照射下,平面图形的一侧迎光,另一侧必然背光,因而有阴面和阳面的区分。如果平面平行于光线,则平面的两侧面均为阴面。在正投影图中加绘阴影时,需要判别平面图形的各个投影是阳面的投影还是阴面的投影。

(2)当平面图形为投影面垂直面时,可在有积聚性的投影中,直接利用光线的同面投影来加以检验。

如图 8-26(a)所示,P、Q、R 三平面均为正垂面,其 V 面投影都积聚成直线,所以只需判别它们的 H 面投影是阳面的投影还是阴面的投影即可。从 V 面投影看出,由于平面 Q 对 H 面的倾角大于 45°,光线照射在 Q 面的左下侧面,这成为它的阳面,当自上向下作 H 面投影时,所见却是 Q 面的背光的右上侧面,故 Q 面的 H 面投影表现为阴面的投影。而 P 面和 R 面,其上侧表面均为阳面,故 H 面投影表现为阳面的投影。

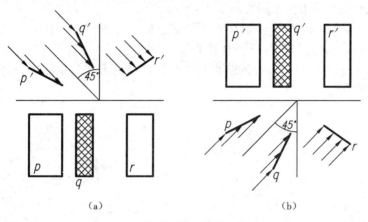

图 8-26　判别投影面垂直面的阴阳面

图 8-26(b)所示三平面均为铅垂面,根据它们的 H 面投影进行分析,可以判明 Q 面的 V 面投影表现为阴面的投影,而 P 和 R 两面的 V 面投影均表现为阳面的投影。

(3)当平面图形处于一般位置时,若两个投影各顶点的旋转顺序相同时,则两投影同为阳面的投影,或同为阴面的投影;若旋转顺序相反,则其一为阳面的投影,另一为阴面的投影。检定时,可先求出平面图形的落影,当某一投影各顶点与落影的各顶点的旋转顺序相同,则该投影为阳面的投影;若顺序相反,则该投影为阴面的投影。因为承影面总是迎光的阳面,如图 8-27(a)所示,所以平面图形在承影面上落影的各顶点顺序只能与平面图形的阳面顺序一致,而与平面图形的阴面顺序相反。

在图 8-27(b)所示投影图中,由于 H 面投影三角形 abc 的顺序与落影三角形 $A_hB_hC_h$ 的顺序相同,可知三角形 abc 是三角形 ABC 的阳面的投影;而 V 面投影三角形 $a'b'c'$ 的顺序与落影三角形 $A_hB_hC_h$ 的顺序相反,可知三角形 $a'b'c'$ 是三角形 ABC 的阴面的投影。

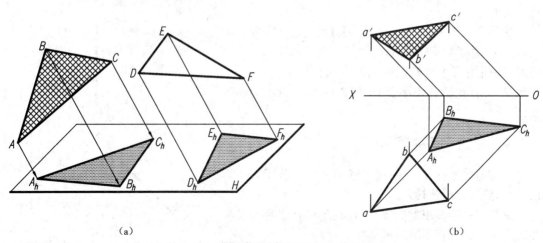

图 8-27　根据落影判别平面图形的阴阳面

8.4.3 平面图形的落影规律

（1）平面多边形若平行于某投影面，则在该投影面上的落影与投影形状完全相同，均反映该多边形的实形。

如图8-28所示，五边形平行于 V 面，它在 V 面上的落影 $A_vB_vC_vD_vE_v$ 与投影 $a'b'c'd'e'$ 形状完全相同，均反映了五边形的实形。

平面图形若与承影平面平行，则在该承影面上的落影，与平面图形自身的形状完全相同，因此，平面图形与其落影的同面投影的形状也完全相同。如图8-29所示三角形 ABC 与承影面 P 平行，三角形在 P 面上的落影与三角形自身的形状完全相同，它们的正面投影也反映相同的形状。

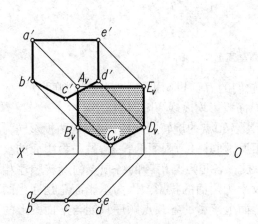

图8-28 平行于投影面的多边形在该投影面上的落影

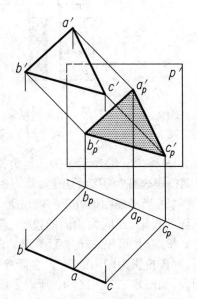

图8-29 平面图形在其平行平面上的落影

（2）若平面图形与光线的方向平行，它在任何承影平面上的落影成一直线，并且平面图形的两面均呈阴面。

如图8-30所示的五边形，平行于光线的方向，它在铅垂承影面 P 上的落影是一条直线 E_pB_p。这时，平面图形上只有迎光的两条边线 AB 和 AE 被照亮，而其他部分均不受光，所以两侧表面均为阴面。

8.4.4 曲线平面的落影

求作曲线平面的落影，应先求出曲线上若干点的落影，然后光滑连接。

圆平面是最简单的曲线平面，在此只介绍圆平面的落影。圆的落影有三种情况。

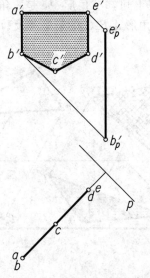

图8-30 平行于光线的平面图形的落影

（1）当圆平面平行于光线方向时,圆在承影平面上的落影积聚成一直线。

（2）当圆平面平行于某投影面时,则在该投影面上的落影与其形状相同,反映实形。

如图 8-31 所示,正面圆在 V 面上的落影仍为一半径相同的圆。因此,可先求出圆心 O 在 V 面上的落影 O_v,再按原来的半径画圆即可。

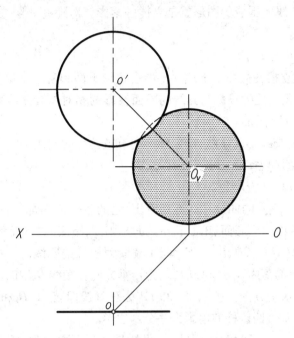

图 8-31　正平圆在 V 面上的落影

（3）一般情况下,圆在任何承影平面上的落影是一个椭圆。圆心的落影成为落影椭圆的中心;圆的任何一对互相垂直的直径,其落影成为落影椭圆的一对共轭轴。

8.5　平面立体的阴影

平面立体是由棱面（平面多边形）和棱线（直线段）组成的,所以平面立体的阴线都由直线段组成,平面立体的落影轮廓线即影线,便是这些阴线的影。因此求平面立体的落影实质仍是求直线段的落影。但是在平面立体中不是所有阴线都有落影,通常影区内的阴线和凹棱线没有落影。

8.5.1　求作平面立体阴影的一般步骤

（1）首先根据已知的正投影图,分析立体各个组成部分的形状、大小及相对位置。

（2）由光线方向判别立体各表面是阴面还是阳面,从而确定阴线。注意凹棱阴线没有落影,只有凸棱阴线才是求影的阴线。

（3）再分析各段有影阴线将落于哪些承影面,弄清楚各段阴线与承影面之间的相对关系以及与投影面之间的相对关系,充分运用前述的落影规律和作图方法,逐段求出阴线的落影,即影线。

（4）最后,将立体的阴面和落影分别均匀地涂上颜色,以表示这部分是阴暗的。

8.5.2　棱柱的阴影

棱柱的各个棱面(包括上下底面)往往都是投影面的平行面或垂直面,这样就可以根据它们有积聚性的投影来判别是否受光,从而确定阴阳面,进而确定哪些棱线是阴线,只要求作这些棱线的落影,影线所围成的图形就是立体的落影。对那些非阴线的棱线完全不必费时间去求它们的落影。

求作棱柱阴影的步骤如下。

(1)读图分析:直立棱柱是由上下底水平的多边形平面和若干个铅垂矩形侧面组成的。可直接根据各棱面有积聚性的投影与光线的同面投影的相对位置来判别它们是否受光,由此判别各表面是阳面还是阴面。

(2)阳面和阴面的交线即为阴线,确定能产生有效落影的阴线。

(3)根据直线段落影规律逐段求其阴线之影。

(4)将可见阴面和影区着暗色。

图 8-32 所示是一直立的四棱柱。不难看出,它的各个棱面都是投影面的平行面。在常用光线的照射下,棱柱的上底面、正面和左侧面是阳面,下底面、背面和右侧面为阴面。阴面与阳面的交线,即 AB、BC、CD、DE、EF 和 FA 棱线为棱柱的阴线。其中棱线 AB 和 DE 是铅垂线,它们在 V 面上的落影 A_vB_v 和 D_vE_v 仍为铅垂方向。棱线 BC 和 EF 为侧垂线,其落影 B_vC_v 和 E_vF_v 仍表现为水平方向。棱线 CD 和 FA 为正垂线,其影 C_vD_v 和 F_vA_v 与光线的 V 面投影一致,成 45°线。整个四棱柱的落影为一个六边形。

图 8-33 所示也是一个四棱柱。其阴线仍然是一空间六边形 $ABCDEFA$。阴线 BC 和 CD 落影于 V 面上,为 B_vC_v 和 C_vD_v。而阴线 EF 和 FA 落影于 H 面上,为 E_hF_h 和 F_hA_h。阴线 AB 和 DE 的影落在两个投影面上,从而在投影轴上产生了两个折影点 Ⅰ、Ⅱ。整个四棱柱的影落于两个投影面上即成为空间八边形 A_hⅠ$B_vC_vD_v$Ⅱ$E_hF_hA_h$。

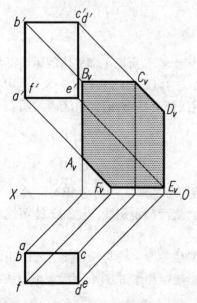

图 8-32　四棱柱在一个投影面上的落影

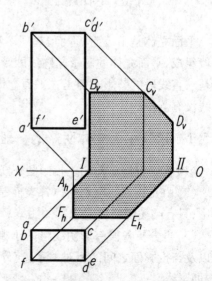

图 8-33　四棱柱在两个投影面上的落影

图 8 - 34 所示仍然是一个四棱柱,只是其安放位置特殊,使其右前方和左后方两个侧棱面正好与光线方向平行。因此,这两个棱面表现为阴面,而其落影则积聚成两条直线,即 A_v D_v 和 B_vC_v。整个四棱柱在 V 面上的落影变成为一个四边形。

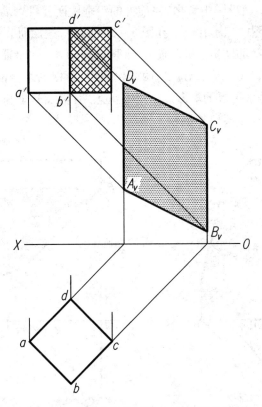

图 8 - 34　四棱柱由于位置特殊,其影成为四边形

图 8 - 35 中的四棱柱,底面位于 H 面上,后棱面与 V 面重合。求出其落影如图 8 - 35 (a)所示。由于四棱柱的两个投影以及在两个面上的落影都连接在一起,影响投影图的清晰度,故将两个投影适当地拉开距离,如图 8 - 35(b)所示。此时出现了两个投影轴,此投影轴符号 OX 可不再注写,这样的处理方式在以后的例图中常常可以见到。

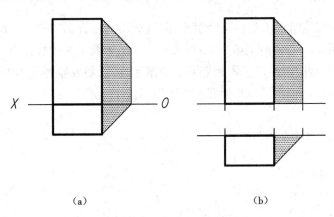

　　　　　　(a)　　　　　　　　　　　　　　　(b)

图 8 - 35　将投影轴分开画

如图8-36(a)和(b)所示,都是贴附于 V 面上的五棱柱水平薄板。实际上它们均可被看作高度较小的五棱柱体。它的各个棱面都是投影面的平行面或垂直面,从 V 面投影中不难看出:板的上、下两水平底面中,上边为阳面,下边为阴面;板的左、右两侧棱面中,左边为阳面,右边为阴面。由 H 面投影中看出,左前方的铅垂棱面ⅡⅢⅧⅦ为阳面,而右前方的铅垂棱面ⅢⅣⅨⅧ在两例图中却不相同。在图8-36(a)中,棱面ⅢⅣⅨⅧ为阴面,从而确定阴线是一空间折线ⅥⅦⅧⅢⅣⅤⅠⅥ。而在图8-36(b)中,棱面ⅢⅣⅨⅧ却是阳面,于是阴线成为空间折线ⅥⅦⅧⅨⅣⅤⅠⅥ。这两个例图中,薄板的影全部落在 V 面上。只要作出这些阴线的落影,就是水平板的落影。这里要注意到:阴线ⅥⅠ和ⅠⅥ就位于 V 面上,所以它们在 V 面上的影分别与其自身重合。

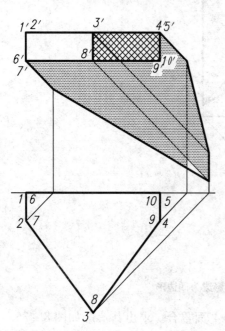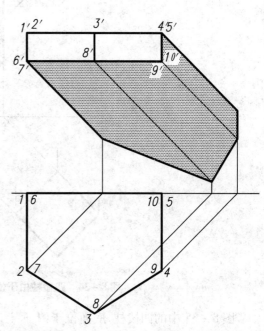

图8-36　五棱柱的影

8.5.3　棱锥的阴影

棱锥的各个棱面通常都不是特殊位置平面,因此不能用投影积聚性来确定阴阳面,从而也不能直接找到阴线。这时,采用的方法与求棱柱体阴影的方法正好相反,先求棱锥锥顶和底面各顶点的落影,然后将锥顶落影和底面各点落影连线,最外轮廓线为影线。根据影线返回光线求出阴线,然后确定阴阳面,如图8-37所示。

求棱锥落影步骤:

(1)求锥顶和底面各点的落影;

(2)求影线;

(3)求阴线;

(4)求阴面、阳面;

(5)将可见阴面和影区分别着暗色。

如图8-37所示,图(a)、(b)、(c)均为正五棱锥,它们的底面是水平面,从 V 面投影中

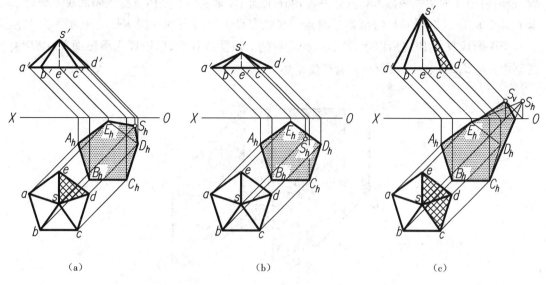

图 8 - 37 棱锥高度的变化引起阴影的变化

可以看出,其都是阴面。至于各个侧棱面则不能准确判定哪个是阴面,哪个是阳面。因此,只能先求出锥底的落影 $A_h B_h C_h D_h E_h$ 及锥顶点的落影 S_h。在图(a)中,由落影 S_h 连接 A_h、B_h、C_h、D_h、E_h 各影点,只有 $S_h E_h$ 和 $S_h D_h$ 处于最外轮廓线的位置,而成为影线,与其相对应的棱线 SE 和 SD 则为阴线。由此判定棱面 SDE 是阴面,其余各侧棱面均为阳面。在图(b)中,锥顶的落影 S_h 处于锥底的落影范围之内,它与 A_h、B_h、C_h、D_h、E_h 各影点的连线,均不构成落影的最外轮廓线,因此棱锥的五条棱线都不是阴线,从而判定该棱锥除底面外,各棱面都是阳面。图(c)中,锥顶的虚影 S_h 与 A_h、B_h、C_h、D_h、E_h 各影点相连,只有 $S_h E_h$ 和 $S_h C_h$ 处于最外轮廓线的位置,而成为影线,与其相对应的棱线 SE 和 SC 则为阴线。从而判定棱面 SDE 和 SCD 是阴面,其余各侧棱面为阳面。

8.5.4 组合平面体的阴影

对于组合立体,在求作阴影时,一方面要注意排除掉位于立体凹陷处的阴线,不予置理,因为它不会产生相应的有效影线;另一方面也要注意到立体的某些阴线有可能落影于立体自身的阳面上,不要疏漏。还要注意,某些阴线的影不是落在唯一的承影面上,而是落影于相交的二承影面上,在作影过程中,要善于利用虚影和折影点;如果某条阴线落影于不直接相交(或相互平行)的几个承影面上,作影时要善于利用影的过渡点关系。

如图 8 - 38 所示,立体的各个棱面均为投影面的平行面或垂直面。从 H、V 面投影中,不难判明立体各个棱面是阴面还是阳面,从而明确认定了立体的阴线是 Ⅰ Ⅱ - Ⅱ Ⅲ - Ⅲ C - CD - D Ⅳ - Ⅳ Ⅴ - Ⅴ Ⅵ - Ⅵ F - FG 折线。其中一段阴线 D Ⅳ 位于立体的凹陷处,它不会产生有效的相应影线,可忽略。现在首先将 Ⅰ Ⅱ Ⅲ C 及 Ⅳ Ⅴ Ⅵ FG 这两组阴线在 V 面上的落影 Ⅰ$_v$ Ⅱ$_v$ Ⅲ$_v C_v$ 和 Ⅳ$_v$ Ⅴ$_v$ Ⅵ$_v F_v G_v$ 求出来。从图中看出,影线 Ⅲ$_v C_v$ 和 Ⅳ$_v$ Ⅴ$_v$ 相交于点 K_v。Ⅳ$_v K_v$ 和 $C_v K_v$ 两段影线均被包围在立体落影范围内。但这两段无效的影线,其性质并不相同。自 K_v 点引 45°的返回光线,与线段 Ⅳ Ⅴ 相交于 K_0 点,与阴线 Ⅲ C 相交于 K 点。$C_v K_v$ 影之所以无效,是因为相应的阴线线段 CK,其影并不落在 V 面上,而是落在立体自身的阳面Ⅳ ⅤED上,即 C_0K_0。K_0点是影线ⅢC 的落影过渡点。影线ⅢC 上只有下面一段 KⅢ的影才落在 V 面上。至于影线Ⅳ$_vK_v$段之所以无效,是因为相应的一段阴线ⅣK_0,已被埋入承影面Ⅳ ⅤED上的落影ⅣK_0C_0DⅣ之中,故而它不会产生落影。

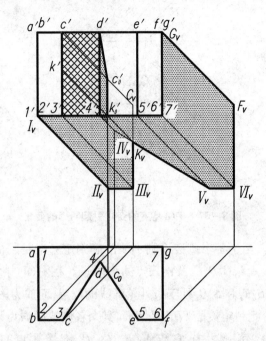

图 8 – 38　立体阴线落影于自身的阳面上

8.5.5　曲面立体的阴影

求曲面立体的阴影,首先要找出曲面上的阳面和阴面,从而确定阴线,然后求出阴线在承影面上的落影。

1. 圆柱的阴影

如图 8 – 39 所示,在常用光线照射下的直立圆柱,其左前半圆柱面和上底面为阳面,右后半圆柱面为阴面,则阴线为光平面与圆柱面相切的两根素线 AB 和 CD 以及以 BC 为直径的右后半圆。

两条竖直阴线 AB、CD 的影为45°线,与上、下底圆相切。右后半圆的落影仍为与底圆半径相同的半圆。

作图过程如下。

(1)求阴线:在水平投影中作光线的水平投影 s 与圆柱的水平投影相切,切点即是 AB、CD 两阴线的水平投影 ab 和 cd。两阴线的正面投影($a'b'$,$c'd'$)可以由水平投影向上作竖直线得到。以 BC 为直径的右半圆弧为另一段阴线,H 面投影为半圆,V 面投影为直线。

(2)求落影。

①右半圆弧的落影:先求圆心 O 的落影 O_h,以 O_h 为圆心、R 为半径作圆即得,可以看出落影均在 H 面上。

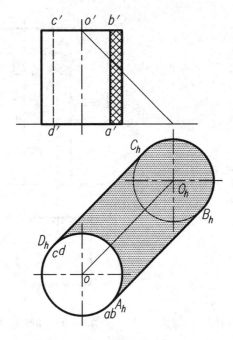

图 8 - 39　正圆柱阴影的形成和画法

②AB、CD 的落影：AB、CD 为铅垂线，落影为 45°线。A、D 两点的落影为其自身，即 A_h、D_h，过此两点作 45°线与圆弧相切即得 B、C 两点的落影 B_h、C_h。

③着色：阴面和影区分别着色（注意圆柱面的 V 面投影有一部分为阴面的投影）。

2. 圆锥的阴影

如图 8-40 所示，和圆柱面一样，光平面也是和圆锥面相切于两条素线。因此圆锥面上的阴线是两条过锥顶的素线。求圆锥面落影的方法：①求出锥顶在承影面上的落影；②求出底圆在承影面上的落影；③过锥顶的落影向底圆的落影作两条切线，则这两条切线与切点之间的一段圆弧所围成的区域即为圆锥在承影面上的落影，而两阴线右后部分的锥面即为阴面；④将落影及阴面的投影分别着色。

3. 方盖圆柱的阴影

图 8-41 所示为一方盖圆柱的阴影（此图上部为半个正方形盖板，下部为半个圆柱面）。

（1）求阴线。在常用光线下，方盖的阴线为 AB-BC-CD-DE。圆柱面的阴线为光线平面与圆柱面的切线，即为过 K_0 的素线（作图时可过圆心 o 作 45°线与圆周相交得 k_0）。

（2）求落影。AB 垂直于 V 面，根据直线落影垂直规律（1），其在墙面和圆柱面上影的 V 面投影为 45°线。BC 为侧垂线，根据垂直规律（3），BK 部分在圆柱面上影的 V 面投影与圆柱面在 H 面的积聚投影对称，也为圆弧，如图 8-41 所示；KC 部分落影于墙面与其自身平行。CD 与 V 面平行，在墙面上的影与其自身平行且相等。DE 与 V 面垂直，其影为 45°线。

圆柱面上阴线的影落在墙面上，为过 K_1 的竖直线。如图 8-41 所示，方盖上的点 K 先落影于圆柱面上，为 K_0 点，再滑影到墙面上，为 K_1 点，所以 K_0、K_1 为滑影点。

（3）着色。

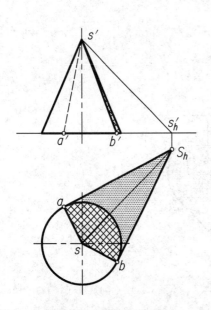

图 8-40   圆锥阴影画法

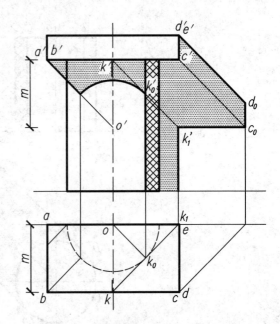

图 8-41   正方形盖盘在圆柱面上的落影

8.5.6   建筑局部及房屋的阴影

由平面体组成的建筑形体,其表面通常是投影面的垂直面或平行面,一般位置平面则较少。因此,对其阴面、阳面的判别,阴线的确定,不难解决。阴线确定之后,进而分析清楚各段阴线与有关承影面的相对位置,充分运用前述的直线落影规律和各种作图方法,逐段求出这些阴线的落影,从而得到该建筑形体的落影。

1. 带遮阳的窗的阴影

如图 8-42 所示,给出了带遮阳的窗户的立面图、平面图和剖面图。欲求其阴影,作图步骤如下。

(1)由光线方向判明各形体的阴阳面,从而定出阴线。窗遮阳的阴线是 $AB - BC - CD - DE$,窗洞部分的阴线是左窗框的前沿 F 和窗框上沿 G。

(2)根据线段落影规律,逐段作出这些阴线之影线。左窗框前沿的 F 直线是铅垂线,在 H 面的落影为 45°光线方向 ff_c,在 V 面的落影为与之平行的直线(此处窗板面用 C 表示,在此面上落影的下标采用小写字母 c)。

AB 为正垂线,则 AB 落影的 V 面投影为 45°方向线,A 点为墙面上的点,落影为其本身,即为 a';从图 8-42 中可见,B 点的落影在窗板上,因此 AB 的落影分为两部分,一部分在墙上为 $a'1_q'$,一部分在窗板上为 $1_q'b_c'$(此处墙面用 Q 表示,在墙面上的落影下标采用小写字母 q)。$1_q'$、$1_c'$ 为滑影点对。BC 为侧垂线,它在窗板、墙面以及窗右侧板上均有落影。因为 BC 平行于窗板,则在窗板上的落影为 BC 的平行线,即 $b_c'2_q'$;在墙面上的落影也为 BC 的平行线,即 $c_q'3_q'$;由 $2_q'$、$3_q'$ 返回光线到 BC 上得到 $2'$、$3'$,这段阴线落影在窗右侧板上,因为 BC 垂直于窗侧板,所以在窗侧板上的落影为 45°光线方向,该段落影在侧面剖面图中可以看到,即 $2_q''3_q''$。然后是铅垂线 CD 的落影,该直线的落影在墙面上,为与之平行等长的线段,即

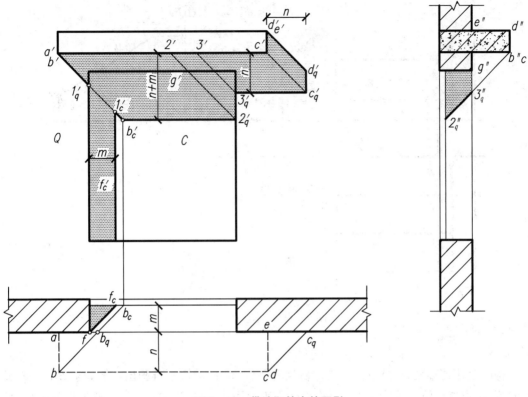

图 8 – 42　带遮阳的窗的阴影

$c'_q d'_q$,最后是正垂线 DE 线段的落影,直接连接 $e'd'_q$ 即可,注意该段线为 45°光线方向。

窗框上沿(侧垂线 G)虽然为阴线,但它是影区中的阴线,所以不用求其落影。

(3)将影区着暗色。因光线为 45°线,所以在正投影图上作阴影有一些很特殊的尺度关系,从图 8 – 42 中可看出,遮阳板在窗板上的落影宽度 = 遮阳板挑出墙面的宽度 n 与窗板距外墙面的宽度 m 之和($m + n$);窗户前左侧棱在窗板上的落影宽度 = 窗板凹进外墙面的尺度 m。根据这些尺度规律,可根据遮阳板、窗台、窗框、窗套等距墙面和窗板的距离在立面图中直接作影。

2. 台阶的阴影

如图 8 – 43 所示为三步台阶,左右有五棱柱挡墙。其左、右两侧挡墙上的阴线 AB、EF 为铅垂线,CD 与 GJ 为正垂线。其落影不难按前例解决。阴线 BC 及 FG 均为侧平线。右侧阴线 FG 的落影,一段在地面上,另一段在墙面上。这两段落影可通过以下几个途径来解决。

(1)先求出点 F 落于地面上的影 F_h,再求出点 G 在地面上的虚影 G_h。连线 $F_h G_h$ 与墙脚线交于点 $K_0(k_0, k'_0)$。$F_h K_0$ 为地面上实有的落影。K_0 为折影点。通过点 K_0,影线即折向墙面,连线 $K_0 G_v$,即为 GF 在墙面上的一段落影。

(2)在 W 面投影中,求出阴线 FG 与墙面的交点 $N(n', n'')$。将连线 $n'G_v$ 延长,与墙脚线交于点 $K_0(k_0, k'_0)$,$G_v k'_0$ 为在墙面上的落影,连线 $k_0 F_h$ 为在地面上的落影。

(3)根据折影点的 W 面投影 k''_0,用返回光线求出 k'_0 和 k_0,连线 $G_v k'_0$ 与 $k_0 F_h$,即为所求的

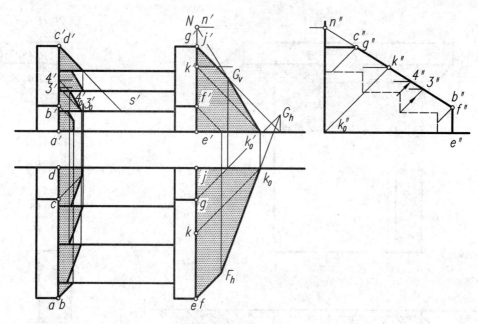

图 8－43　台阶的阴影

GF 的落影。

　　将以上几种解题方法搞清楚,则左侧挡墙阴线 BC 的落影不难画出。譬如求 BC 在 S 面上的落影,根据台阶的 W 面投影的积聚性,利用返回光线,定出 BC 线上落影于 S 面的上、下两条棱上的阴点 Ⅲ(3″,3′) 和 Ⅳ(4″,4′),再过点 3′ 和 4′ 引光线,与 S 面上、下棱线交于 $3'_0$、$4'_0$。连线 $3'_0 4'_0$ 即为 BC 线在 S 面上的落影的 V 面投影。

　　求 BC 落影也可根据平行线落影相互平行的规律,因为 BC 与 FG 平行,则 BC 在台阶踏面和踢面落影的方向与 FG 在地面与墙面落影的方向平行。

　　此处还需明确指出的是,当 BC 线的坡度和台阶的坡度一致时,则 BC 线落于台阶凸棱上的影点的 V、H 投影都在一条垂直线上。同样,凹棱上的影点也是如此。并且斜线 BC 在各层正平面上的落影互相平行,在各层水平面上的落影也互相平行,这与直线落影规律相符合。

3. 门洞的阴影

　　图 8－44 所示为一带有倾斜雨篷的门洞,若求其落影,首先应判断阴阳面,找出阴线。雨篷的阴线为 AB － BC － CD － DE。AB 与 DE 均为斜线并相互平行,它们的落影也平行。DE 的影求解比较简单,可先求出。DE 的落影在墙面上,E 点落影为其自身,求出 D 点的落影后和 E 点相连即为 DE 的影。AB 的影分别落于墙面和门扇面上,因 A 点在墙面上,其影为其自身,则过 a′作 DE 影的平行线即可求出其在墙面的影;AB 在门扇面的影,可先求出 B 点的影,作 DE 影的平行线即可求出。

　　CD 与墙面平行,其影与其自身平行且相等。

　　BC 的影落于墙面、柱子表面、门扇面的影均与其自身平行。可根据 BC 在各表面上影的高度与其到各表面的距离相等求出。BC 的影还落于门框的右侧表面和两个柱子的左表面,表现为 45°线,显现在 W 剖面图中。

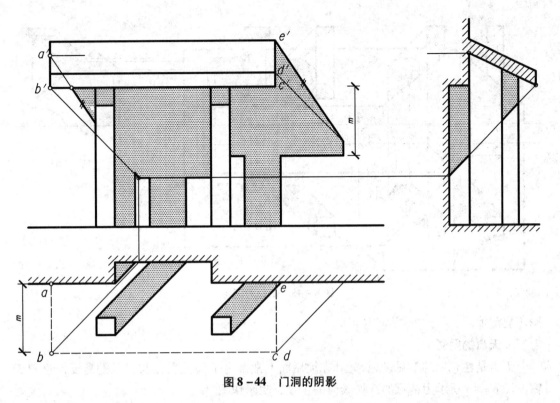

图 8 - 44　门洞的阴影

左侧门框前棱线为阴线,其在门扇面的影的 V 面投影与其自身平行,H 面投影为 45°线。

两个门柱均为四棱柱,其落影不难画出,如图 8 - 44 所示。

最后将落影部分着色。

4. 烟囱的阴影

烟囱的阴线全部是投影面垂直线。根据直线落影的垂直规律,铅垂线在正垂和侧垂斜面上落影的 H 面投影为 45°线,在侧垂面上落影的 V 面投影为坡度线(与水平方向成 α 角),即与侧垂面的 W 面积聚投影对称。正垂线在侧垂斜面上落影的 V 面投影为 45°线,H 面投影为坡度线(与铅垂方向成 α 角)。侧垂线在正垂面上落影的 H 面投影为坡度线,在侧垂面上因与屋脊平行,其影的 V、H 面投影与该线的同面投影平行且相等。

如图 8 - 45 所示,坡屋面上有四个烟囱。烟囱 1 阴线为铅垂线 AB、正垂线 BC、侧垂线 CD、铅垂线 DE,其 V 面落影都积聚在正垂斜坡屋面上,H 面中 AB 和 DE 的落影均为 45°线,BC 的落影与其自身平行且相等,CD 的落影为与正垂面的 V 面积聚投影对称的坡度线。

烟囱 2 在正垂和侧垂的两个屋面上都有落影,需在 H 面上求出折影点 M_0、N_0,对应求出 V 面投影 $M_0{}'$、$N_0{}'$。铅垂阴线落影的 H 面投影为 45°线,V 面投影为坡度线。正垂阴线落影的 H 面投影为坡度线,V 面投影为 45°线。侧垂阴线落影的 H 面、V 面投影均与其本身平行且相等。

烟囱 3 的落影均在侧垂屋面上,其影如图 8 - 45 所示。

烟囱 4 为带帽烟囱,由两个四棱柱组成,其阴线均为铅垂、正垂、侧垂线。所有的影线均由坡度线、45°线和与阴线相平行的线组成,作法如图 8 - 45 所示。此处烟囱自身表面的落

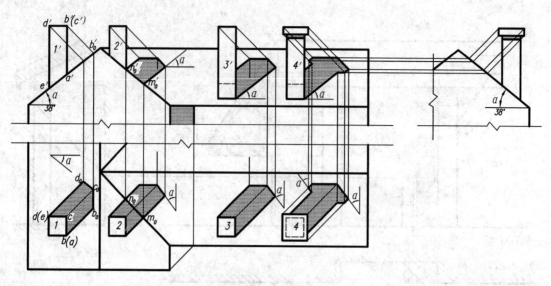

图 8 – 45　烟囱的阴影

影不要漏掉。

5. 天窗的阴影

天窗是建筑物的常见设施,尤其在坡屋面上常常为了满足采光与通风的需要而设置天窗。图 8 – 46 所示为常见的双坡天窗的正投影阴影作图过程。

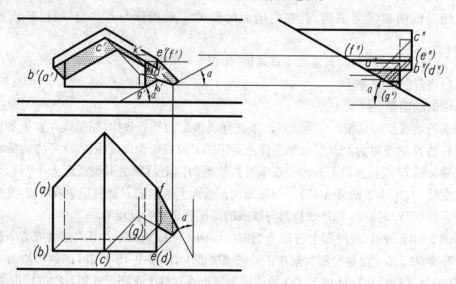

图 8 – 46　双坡顶天窗的阴影

1）分析阴线

天窗屋面的阴线为 AB（正垂线）、BC（正平线）、CD（正平线）、DE（铅垂线）、EF（正垂线）；天窗墙面的阴线只有一条,即 G 点所在的铅垂线。

2）逐一求影

正垂线 AB 的影:因为天窗的屋顶出檐相等,所以 B 点的影正好在天窗前墙的左棱线上。正垂线 AB 落于坡屋面上影的 V 面投影表现为 45°线,其余的影在左侧墙面上,因为与左侧墙平行,所以为一条平行于 AB 的线,见 W 面投影。

BC、CD 为正平线,BC 在前墙面上的影与其自身平行且相等。CD 的影一部分落在前墙面上,另一部分落在坡屋面上。落于前墙面上的影与其自身平行,前墙右棱线的落影 k'_0 为滑影点,其余部分落影到坡屋面上。通过作 45°返回光线可知,CD 线上 K 点落影于前墙右棱线的 K_0 点,然后滑影到坡屋面的 K_1 点。

k'_1 的求作有两种方法:可通过前墙右棱线的影求得,此棱线为铅垂线,其影的 H 面投影为 45°线,在 V 面的影为坡度线,与水平线夹角为 α;也可通过坡屋面的 W 面积聚投影求得。

D 点在坡屋面上的影可通过屋面在 W 面的积聚投影求得,与 k'_1 相连,则 CD 在坡屋面上影的 V 面投影求出。可以对应求出其 H 面投影。

DE 为铅垂线,其影在 H 面的投影为 45°线,在 V 面的影为坡度线,如图 8 - 46 所示。

EF 为正垂线,其影在 V 面的投影为 45°线,在 H 面投影为坡度线。

至此所有影均已求出,然后着色。

6. 坡顶房屋的阴影

下面通过一道例题,介绍坡顶房屋的落影求法。

例 8.2　如图 8 - 47 所示,为一坡顶房屋的平面图、正立面图和侧立面图,求其落影。

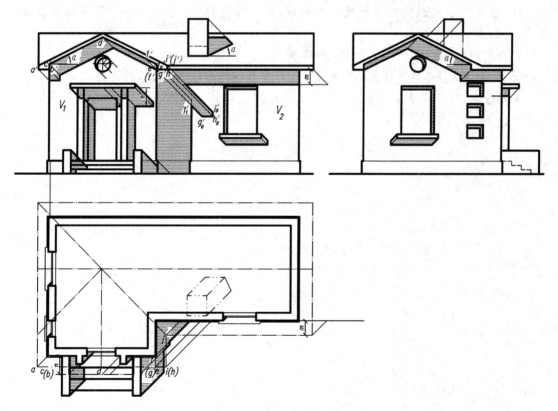

图 8 - 47　坡顶房屋的阴影

解题分析

房屋的阴影由檐口线、墙角线、雨篷、门窗框、窗台、台阶、烟囱的阴面及其落影组成。只要确定其阴线,即可在屋面、墙面、门窗扇等阳面上作出落影。

作图过程

(1) 烟囱的影可按图 8-45 的方法求作。

(2) 前面檐口阴线为 $AB-BC-CD-DE$ 和 $FG-GH-HI-IJ$，它们主要落影于前墙面 V_1，部分落影于 V_2 面。其作法：AB、BC、CD 的影与其自身平行且相等；DE 落于 V_1 面上的影与其自身平行，其余落于 V_2 面，DE 上 1 点先落影于前墙面右棱线上 1_0 点，然后滑影到 V_2 面上 1_1 点。FG 在 V_2 面的影为 45°线，GH、HI 的影均落于 V_2 面上，与其自身平行且相等，IJ 的影也落于 V_2 面，为 45°线。

V_1 面右墙线为阴线，其影落于 V_2 面上，与其自身平行。因为勒脚比墙面突出一些，所以门柱在勒脚面上的影靠左一些。

(3) 雨篷上的阴线均为正垂线和侧垂线，其影落在墙面、门柱前表面、门洞表面上。正垂线阴线的影为 45°线，侧垂线的影与其自身平行，如图 8-47 所示。两个门柱的右前方棱线为阴线，其影与其自身平行。注意：雨篷出墙面的宽度和落影的高度相等。

(4) 圆形窗口的影：阴线为圆弧，其影仍为圆弧，可将圆心沿 45°线移动一个窗板厚度以相同半径画圆弧即可，如图 8-47 所示。

(5) 矩形窗的影，可利用影的高度和窗框外沿与窗玻璃的距离相同求得。

(6) 台阶左右两挡板的右侧棱线为阴线，为正垂线或铅垂线。影为 45°线或与自身平行。

W 面投影求影的方法类似，如图 8-47 所示。

至此，坡顶房屋各构件的影均已求出。至于房屋在地面的影在此省略未画。

最后着色，完成全图。

第9章 透视投影的基本概念与基本规律

9.1 透视的基本知识

9.1.1 透视现象

在日常生活中,我们有这样的感觉,同样的物体看上去近大远小、近高远低、近疏远密,相互平行的直线会在无限远处交于一点,这就是透视现象。将这种现象如实反映到画面上,即可得到透视图,因为这和我们眼睛看到的效果一样,所以画面犹如身临其境,有直接目睹实物一样的真切、自然的感觉,如图 9-1 所示。

图 9-1 透视实例

照片可以十分逼真地反映出物体的外观形象,这是因为物体通过照相机所形成的图像与人们观察物体时在视网膜上所形成的图像基本一致。它们都遵循中心投影的原理。在设计阶段,新建筑物还没有建造出来,不可能拍摄它的照片。为了准确、逼真地反映所设计的建筑物将来建成后的外观形象,设计人员根据建筑物的平、立面图,按中心投影的原理,绘制出像照片一样的立体图,就是透视图。

9.1.2 透视图的作用

在建筑设计中,特别是在初步设计阶段,设计人员要用透视图研究建筑物的外观造型和立面处理,对设计方案进行推敲,以便更好地调整和修改设计。透视图能使人们直观地了解设计意图,便于工程技术人员之间交流设计思想,交换意见,进行评论和方案比较,以便选出最佳方案。透视图甚至还可作为主管部门或业主审批设计方案的重要依据。另外,绝大部分建筑绘画都是以透视图的形式来表现的,因此,建筑透视在建筑绘画中占有十分重要的地位。综上所述,透视图的作用可以归纳为以下几点:

（1）用来准确、逼真地反映所设计的建筑物的外观形象；

（2）供设计者推敲和修改设计方案；

（3）供工程技术人员之间交流设计意图；

（4）供主管部门或业主审批设计方案；

（5）为公众提供了解建筑的直观形象；

（6）为建筑绘画奠定基础。

9.1.3　透视图的形成

如图9－2所示，透视图是以人眼为投影中心、视线为投射线的中心投影。它实际上是观看形体时，由人眼引向形体的视线与画面的交点集合而成。所以，透视图的作法归结为求作直线与平面的交点问题。

图9－2　透视图的形成

9.1.4　透视图的基本术语与符号

为便于理解，先将透视图的一些术语汇总如下，如图9－3所示。

基面 G：放置建筑物的水平面，以字母 G 表示，也可将绘有建筑平面图的投影面理解为基面。

画面 P：透视投影面，即透视图所在的平面，一般以垂直于基面的铅垂面为画面，也可用倾斜平面或曲面作画面。

基线 gg：画面与基面的交线。

视点 S：透视投影的中心点，相当于人眼所在的位置。

站点 s：即视点在基面 G 上的正投影 s，相当于观看建筑物时人的站立点。

主点 $s°$：又称心点或视心，即视点 S 在画面 P 上的正投影 $s°$，当画面为铅垂面时，主点 $s°$ 位于视平线上。

视高 $Ss(s°s_g)$：视点 S 到基面 G 的距离，即人眼的高度，当画面为铅垂面时，视平线与基线的距离即反映视高。

视距 $Ss°(ss_g)$：视点到画面的距离，当画面为铅垂面时，站点到基线的距离即反映视距。

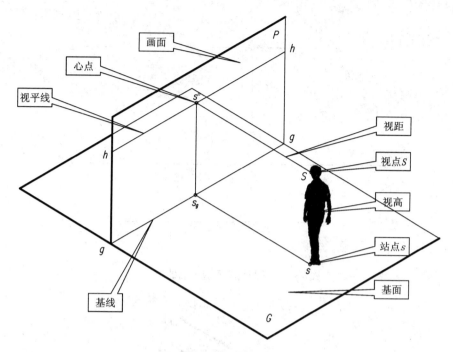

图 9 – 3　常用基本术语与符号

视平线 hh：过视点的水平面与画面的交线。

视线：过视点的直线。

视平面：过视点 S 所作的水平面，即过视点 S 所有水平视线的集合。

9.1.5　画面与基面的位置

在空间，除特别注明外，画面均垂直于基面。

实际作图时，需将基面和画面展开在一个面内，并把画面与基面分开画出，去掉边框线，如图 9 – 4 所示。基面可在画面的正下方或正上方，还可以在其他任意位置，根据作图的需要和方便而定。因为画面和基面都有基线，基面与画面分开后，通过基线保持对应关系。基面上一般用 $p\text{-}p$ 表示基线，可以看成画面 P 在基面上的投影；画面用 $g\text{-}g$ 表示基线。

9.2　点的透视及规律

9.2.1　点的透视与基透视

1. 点的透视

点的透视如图 9 – 5 所示。

点的透视：视点 S 和空间点 A 的连线（视线）与画面的交点 $A°$ 称为点 A 的透视。

基点：空间点 A 在基面上的正投影 a 称为点 A 的基点。

点的基透视：视点 S 和基点 a 的连线（视线）与画面的交点 $a°$ 称为点 A 的基透视（即基点的透视）。

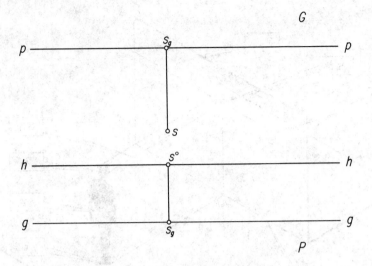

图 9-4　画面与基面展开后的位置

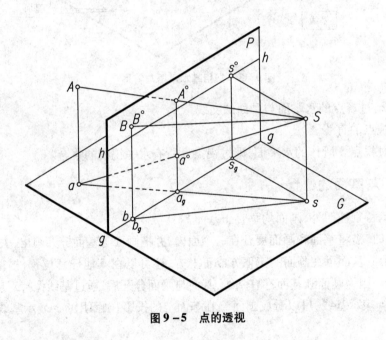

图 9-5　点的透视

点的透视规律：

（1）点的透视与点的基透视连线垂直于视平线 hh 和基线 gg；

（2）点的透视与点的基透视的距离为点的透视高度；

（3）将空间点平行于基线移动，其透视高度不变；

（4）点的基透视不仅是确定点的透视高度的起点，而且是判明空间点在画面前后左右位置的依据；

（5）处于同一视线上的点，其透视重合为一点，而基透视不重合；

（6）位于同一铅垂线上的点，基透视重合，而透视不重合；

（7）位于画面上点的基透视在基线上，透视就是其本身。

9.2.2　基透视的作用及透视空间的划分

空间的两个点 A 和 B 如果位于同一条视线上,那么这两个点的透视 $A°$ 和 $B°$ 将重合为一点,如图9-6所示。此时,从透视图上如何判别这两个点谁远谁近? 这就需要看它们的基透视了。由图中显然可见,基透视 $b°$ 比 $a°$ 更接近视平线,说明基点 b 比 a 远些,也就是空间点 B 比 A 远些。

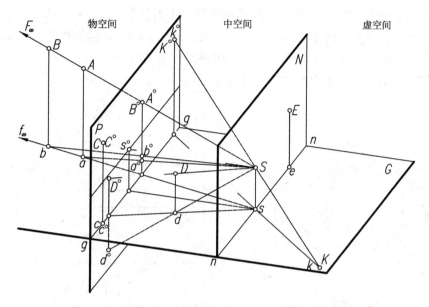

图9-6　透视空间的划分

在画面上,根据基透视的位置不同就可以判明点在空间的状况。为此,我们通过视点 S,增设一个平面 N,与画面 P 平行。平面 N 称为消失面(因为在 N 面内的任何点不可能在画面上作出相应的透视,故称消失面,消失面 N 与基面的交线 nn 称为消失线)。消失面 N 与画面 P 将整个空间划分成三部分。画面之后通常放置物体的空间称为物空间。画面 P 与消失面 N 之间的部分称为中空间。另一部分则称为虚空间。

物空间中的点,如 A 和 B,其基透视 $a°$ 和 $b°$ 总是位于基线和视平线之间,空间点越远,其基透视越接近视平线。当点在画面后无限远处时,如 F_∞,其基透视 $f°$ 就在视平线上。如空间点向画面移近,其基透视就向下移动,越来越接近基线。当空间点就在画面上,如点 C,其透视 $C°$ 就与该点本身重合,其基透视就在基线上。点位于中空间,如点 D,则其基透视 $d°$ 就位于基线 gg 的下方。空间点如正好位于消失面 N 内,如 E 和 e,则在画面的有限范围内不存在它的透视与基透视。位于虚空间的点,如点 K,则其基透视 $k°$ 出现在视平线的上方。事实上,视点 S 作为人的眼睛是向着画面观看物体的。作为虚空间的任何几何元素,人眼是看不到的。但从几何学的角度说,虚空间的点,仍可以求出它的透视与基透视。

9.2.3　视线迹点法作点的透视

在正投影图的基础上,设想以 V 面作为画面,求作空间点的透视,如图9-7所示。因为点的透视就是通过该点的视线与画面的交点,此处既然以 V 面作画面,则所求点的透视就

是视线的 V 面迹点。这种画法称为视线迹点法。

图9－7(a)展示了求作 A 点透视的空间情况。图中 S 点为视点,其 H 面投影 s 为站点,其 V 面投影 $s°$ 为心点,位于视平线上。a 和 a' 为空间点 A 的 H 面和 V 面投影,a_x 可视为 a 的 V 面投影。为求点 A 的透视与基透视,自 S 点向 A 和 a 引视线 SA 和 Sa。这两条视线的 V 面投影分别为 $s°a'$ 和 $s°a_x$ 与过 a_g 的竖直线相交,就可得到 A 点的透视 $A°$ 和基透视 $a°$。

具体作图时,将画面 P(即 V 面)和基面 G(即 H 面)摊平在一个平面上。为了使两个投影面不致因重叠而引起混乱,将两个投影面稍稍拉开距离并上、下对齐放置,如图9－7(b)所示。此时投影面的框线也无须画出,如图9－7(c)所示。图中画面与基面的交线,在 V 面投影中作为基线以 gg 标出,在 H 面投影中作为画面位置线以 pp 标出。对照图9－7(a)就可看出求作 A 点的透视与基透视的具体过程,此处不再赘述。

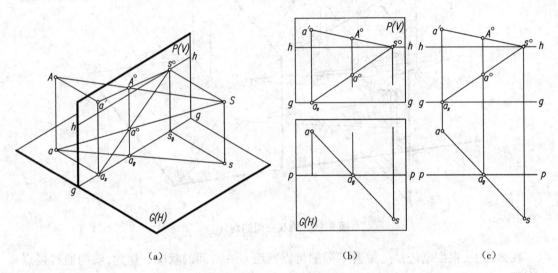

图9－7　视线迹点法作点的透视

9.3　直线的透视及规律

9.3.1　直线的透视、迹点和灭点

1.直线的透视及基透视一般仍为直线

直线的透视是直线上所有点透视的集合。如图9－8所示,由视点 S 引向直线 AB 上所有点的视线,包括 SA、SM、SB、……形成一个视线平面,它与画面的交线必然是直线 $A°B°$,这就是 AB 线的透视。同样,直线 AB 的基透视 $a°b°$ 也是一段直线。

但在特殊情况下,直线的透视或基透视成为一点:若直线 CD 延长后,恰好通过视点 S,如图9－9所示,则其透视 $C°D°$ 重合为一点,但其基透视 $c°d°$ 仍是一段直线,且与基线垂直;若直线 EJ 是铅垂线,如图9－10所示,由于它在基面上的正投影 ej 积聚为一个点,故该直线的基透视 $e°j°$ 也是一个点,而直线本身的透视仍是一条铅垂线 $E°J°$。

直线如位于基面上,直线与其基面投影重合,则直线的透视与基透视也重合成一直线,图9－11中的线段 AB 就是如此。

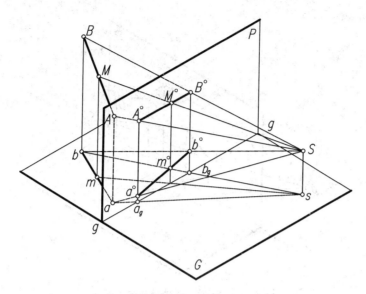

图 9 - 8　直线的透视

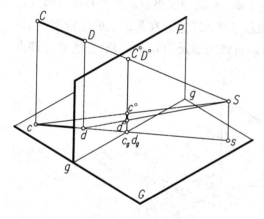

图 9 - 9　直线通过视点

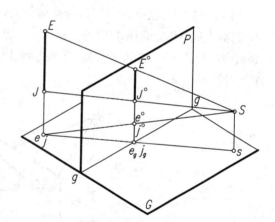

图 9 - 10　直线垂直于基面

　　直线如位于画面上，则直线的透视与直线本身重合，直线的基面投影与基透视均重合在基线 gg 上。图 9 - 11 中的 CD 线就是这样的直线。

　　2. 直线上的点，其透视与基透视分别在该直线的透视与基透视上

　　如图 9 - 8 所示，由于视线 SM 包含在视线平面 SAB 内，所以 SM 与画面的交点 $M°$（即点 M 的透视）位于视线平面 SAB 与画面的交线 $A°B°$（即 AB 的透视）上。同理，基透视 $m°$ 则在 AB 的基透视 $a°b°$ 上。

　　从图 9 - 8 中还可看出：点 M 本是 AB 线段的中点，$AM = MB$，但由于 MB 比 AM 远，以至它们的透视长度 $A°M°$ 大于 $M°B°$。这就是说，点在直线上所分线段的长度之比，其透视不再保持原来的比例。

　　3. 直线与画面的交点称为直线的画面迹点

　　迹点的透视即其本身，其基透视则在基线上。直线的透视必然通过直线的画面迹点；直线的基透视必然通过该迹点在基面上的正投影，即直线在基面上的正投影和基线的交点。

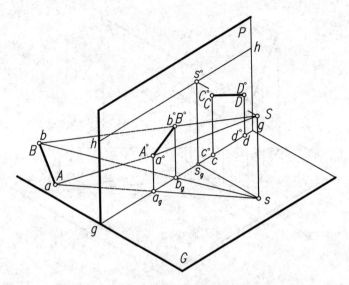

图 9 - 11　基面上的线和画面上的线

图 9 - 12 中,直线 AB 延长,与画面相交,交点 T 即 AB 的画面迹点。迹点的透视即其自身 T,故直线 AB 的透视 $A°B°$ 通过迹点 T。迹点的基透视 t 即迹点在基面上的正投影,也正是直线的投影 ab 与画面的交点,且在基线上。所以直线的基透视 $a°b°$ 延长,必然通过迹点 T 的投影 t。

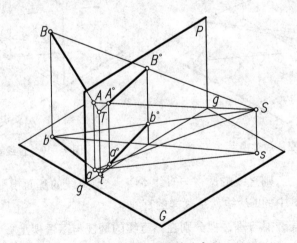

图 9 - 12　直线的迹点

4. 直线上离画面无限远的点,其透视称为直线的灭点

如图 9 - 13 所示,欲求直线 AB 上无限远点 $F_∞$ 的透视,则自视点 S 向无限远点 $F_∞$ 引视线 $SF_∞$,视线 $SF_∞$ 与原直线 AB 必然是互相平行的。$SF_∞$ 与画面的交点 F 就是直线 AB 的灭点。直线 AB 的透视 $A°B°$ 延长就一定通过灭点 F。同理,可求得直线的投影 ab 上无限远点 $f_∞$ 的透视 f,称为基灭点。基灭点 f 一定位于视平线 hh 上,因为平行于 ab 的视线只能是水平线,它与画面只能相交于视平线上的一点 f。直线 AB 的基透视 $a°b°$,必然指向基灭点 f。基灭点 f 与灭点 F 处于同一铅垂线上,即 $Ff \perp hh$,因为自视点 S 引出的视线 SF 和 Sf 分别平行于 AB 及其投影 ab,而 AB 与 ab 是处于同一铅垂面内的两条线,因此,由 SF 和 Sf 所决定

的平面 SFf 也是铅垂面,它与铅垂画面的交线 Ff 只能是铅垂线,故 $Ff \perp hh$。

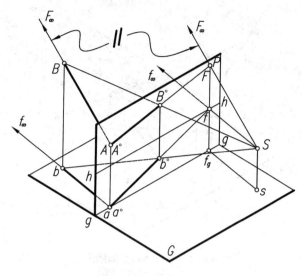

图 9 – 13　直线的灭点

9.3.2　画面相交线与画面平行线

直线根据它们与画面的相对位置不同分为两类:一类是与画面相交的直线,称为画面相交线;另一类是与画面平行的直线,称为画面平行线。这两类直线的透视有着明显的区别。

1.画面相交线的透视特性

(1)画面相交线在画面上必然有该直线的迹点,如图 9 – 12 所示。同时也一定能求得该直线的灭点,如图 9 – 13 所示。灭点和迹点的连线,就是该直线自迹点开始向画面后无限延伸所形成的一条无限长直线的透视。将它称为该直线的全线透视。

(2)在其透视上不能保持点在画面相交线上所分线段的长度之比,如图 9 – 8 所示。

(3)一组平行直线有一个共同的灭点,其基透视也有一个共同的基灭点。所以,一组平行线的透视及其基透视,分别相交于它们的灭点和基灭点。如图 9 – 14 所示,由于自视点 S,平行于一组平行线中的各条直线所引出的视线,是同一条视线,它与画面只能交得唯一的共同灭点。因此,一组平行线的透视向着一个共同的灭点 F 集中;同样,它们的基透视也向视平线上的一个基灭点集中。这是透视图特有的基本规律,作图时必须遵循。

(4)画面相交线有三种典型形式,不同形式的画面相交线,它们的灭点在画面上的位置也各不相同。

①垂直于画面的直线,它们的透视如图 9 – 15 中所示的 $A^{\circ}A_1^{\circ}$、$B^{\circ}B_1^{\circ}$、$C^{\circ}C_1^{\circ}$、……,它们的灭点就是心点 s°;其基透视 $a^{\circ}a_1^{\circ}$、$b^{\circ}b_1^{\circ}$、$c^{\circ}c_1^{\circ}$、……的基灭点也是心点 s°。

②平行于基面的画面相交线,它们的透视如图 9 – 16 所示的 $N^{\circ}N_1^{\circ}$、$M^{\circ}M_1^{\circ}$、$L^{\circ}L_1^{\circ}$、……,它们的灭点和基灭点是视平线上的同一个点 F_y。

③倾斜于基面的画面相交线,它们的透视如图 9 – 16 中所示 $M^{\circ}L^{\circ}$、$M_1^{\circ}L_1^{\circ}$ 及 $L^{\circ}K^{\circ}$,它们的灭点在视平线的上方或下方。ML 和 M_1L_1 是上行直线,故灭点 F_1 在视平线的上方,而 LK 是下行直线,故灭点 F_2 在视平线的下方。但它们的基灭点都是视平线上的同一点 F_x。

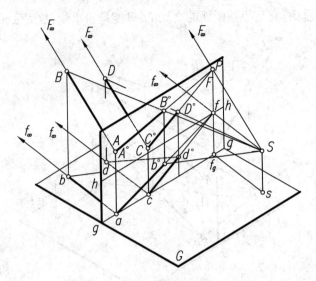

图 9 - 14   平行线有共同的灭点

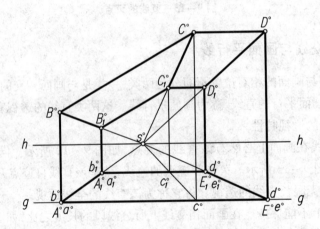

图 9 - 15   各种位置的直线

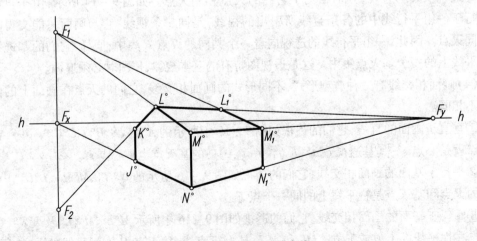

图 9 - 16   各种位置的直线

2. 画面平行线的透视特性

（1）画面平行线在画面上不会有它的迹点和灭点。如图 9－17 所示，由于空间直线 AB 平行于画面 P，因此 AB 与画面 P 没有交点（即迹点）。同时自视点 S 所引平行于 AB 的视线与画面也是平行的，因此，该视线与画面 P 也没有交点（即灭点）。自视点 S 向 AB 线所引视线平面 SAB 与画面的交线 $A°B°$，即直线 AB 的透视，是与 AB 平行的（因为 AB//P）；并且透视 $A°B°$ 与基线 gg 的夹角反映了 AB 对基面的倾角 α。此外，由于 AB 平行于画面，则投影 ab 平行于基线，所以，基透视 $a°b°$ 也就平行于基线和视平线，而成为一条水平线。

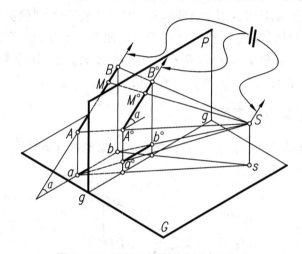

图 9－17　画面平行线没有迹点和灭点

（2）点在画面平行线上所分线段的长度之比，在其透视上仍能保持原长度之比。如图 9－17 所示，由于 AB//$A°B°$，如一个点 M 在直线 AB 上划分线段的长度之比为 AM:MB，则其透视分段之比 $A°M°:M°B°$ 就等于 AM:MB。

（3）一组互相平行的画面平行线，其透视仍保持相互平行，它们的基透视也互相平行，并平行于基线。如图 9－18 所示，AB 和 CD 是两条相互平行的画面平行线，其透视 $A°B°$ 和 $C°D°$ 相互平行，基透视 $a°b°$ 和 $c°d°$ 也相互平行，并平行于基线 gg。

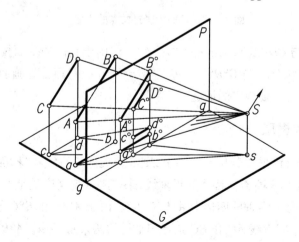

图 9－18　两条平行的画面平行线

（4）画面平行线也有三种典型形式。

①垂直于基面的直线（即铅垂线），它们的透视如图 9 – 15 中的 $D°E°$、$D_1°E_1°$ 和图 9 – 16 中 $M°N°$、$M_1°N_1°$ 等，仍表现为铅垂线段。

②倾斜于基面的画面平行线，它们的透视如图 9 – 15 中的 $B°C°$、$B_1°C_1°$ 仍为倾斜线段，它和基线的夹角反映了该线段在空间对基面的倾角，其基透视 $b°c°$、$b_1°c_1°$ 则为水平线段。

③平行于基线的直线，其透视与基透视均表现为水平线段，如图 9 – 15 中 $C°D°$、$c°d°$、$C_1°D_1°$、$c_1°d_1°$。

如直线位于画面上，则其透视即为直线本身，因此反映了该直线的实长。而直线的基透视，即直线在基面上的投影本身，一定位于基线上。图 9 – 15 中，由于基透视 $a°b°$、$b°c°$、$c°d°$……重合于基线上，可知空间直线 AB、BC、CD 即位于画面上，其透视 $A°B°$、$B°C°$、$C°D°$ 与 AB、BC、CD 相重合，因而反映了这些直线的实长。

9.3.3　基面投影过站点的直线

图 9 – 19 中 AB 线的基面投影 ab 如通过站点 s，则其透视 $A°B°$ 与基透视 $a°b°$ 均为画面上的竖直线，且位于同一直线上。

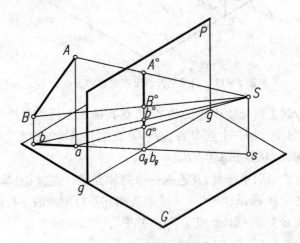

图 9 – 19　基面投影过站点的直线

图 9 – 20 中，AB 与 CD 二直线相互间并不平行，但由于它们的基面投影 ab 和 cd 均通过站点 s，于是它们的透视 $A°B°$ 与 $C°D°$ 以及基透视 $a°b°$ 与 $c°d°$ 都成为画面上的竖直线，表现出"平行"的关系。这是比较特殊的情况。

9.3.4　透视高度的量取

（1）根据前述可知：铅垂线若位于画面上，则其透视即该直线本身，因此，能反映该直线的实长。现在，利用具有这种透视特征的铅垂线，来解决透视高度的量取和确定问题。如图 9 – 21 所示透视图中，有一铅垂的四边形 $A°B°C°D°$。由于 $A°D°$ 和 $B°C°$ 汇交于视平线上的同一个灭点 F，因此，空间直线 AD 和 BC 是互相平行的两条水平线。$A°B°$ 和 $D°C°$ 则是两条铅垂线 AB 和 DC 的透视，因而 $A°B°C°D°$ 是一矩形的透视。矩形的两条铅垂对边 AB 和 DC 是等高的，但 AB 是画面上的铅垂线，故其透视 $A°B°$ 直接反映了 AB 的真实高度 L。而 CD 是

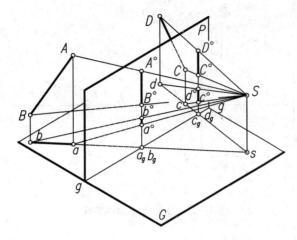

图 9 - 20　基面投影过站点的两条直线

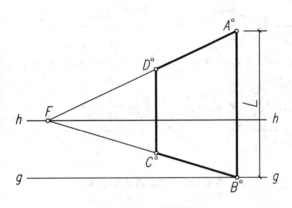

图 9 - 21　真高线

画面后的直线,其透视 $C°D°$ 不能直接反映真高,但可以通过画面上的 AB 线确定它的真高,因此,就将画面上的铅垂线称为透视图中的真高线。

（2）利用真高线,即可按照给定的真实高度,通过基面上某一点的透视作出铅垂线的透视。图 9 - 22 所示透视图中,欲自点 $a°$ 作铅垂线的透视,使其真实高度等于 L。首先在视平线上适当处取一灭点 F（图 9 - 22(a)）,连接 F 和 $a°$ 两点并延长,与基线交于点 $\bar{a}$。再自 $\bar{a}$ 作铅垂线,并在其上量取 $\bar{a}A$ 等于真实高度 L。再连接 $\bar{A}$ 和 F,$\bar{A}F$ 与 $a°$ 处的铅垂线相交于点 $A°$,则 $a°A°$ 就是真实高度为 L 的铅垂线的透视。

也可以首先在基线上取一点 $\bar{a}$（图(b)）,自 $\bar{a}$ 作高度为 L 的真高线 $\bar{a}A$,连接 $\bar{a}$ 和 $a°$ 并延长,使其与视平线相交,得到灭点 F,然后,再连接 $\bar{A}$ 和 F,与 $a°$ 处的铅垂线相交于点 $A°$,则 $a°A°$ 也是真实高度为 L 的铅垂线的透视。

（3）图 9 - 23(a) 为两条铅垂线的透视 $A°a°$ 和 $B°b°$,它们的基透视 $a°$ 和 $b°$,对视平线的距离相等,这表明空间二直线 Aa 和 Bb 对画面的距离相等。而且 $A°B°$ 平行于 $a°b°$,因此 Aa 和 Bb 两直线在空间是等高的。其真实高度均等于 $T°t°$。如已知 $b°$,欲自 $b°$ 作真实高度等于 $T°t°$ 的铅垂线的透视,可按箭头所示步骤进行作图。

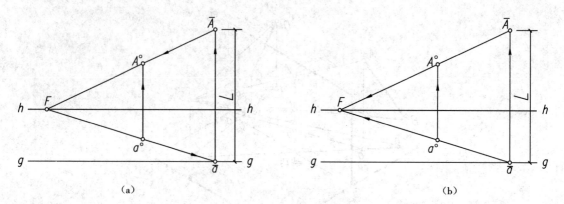

图 9 – 22　求透视高度的方法

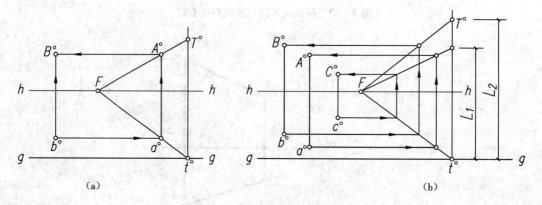

图 9 – 23　集中真高线的运用

于是,在以后的作图过程中,为了避免每确定一个透视高度就要画一条真高线,可集中利用一条真高线定出图中所有的透视高度,这样的真高线称为集中真高线。如图 9 – 23(b)中,已知 $a°$、$b°$、$c°$ 等点,利用集中真高线 $t°T°$ 求作铅垂线的透视 $a°A°$、$b°B°$、$c°C°$,$a°A°$、$c°C°$ 的真实高度均为 L_1,$b°B°$ 的真实高度为 L_2。灭点 F 和集中真高线均可随图面情况而画在图面的适当处。

9.4　平面形的透视、平面的迹线与灭线

9.4.1　平面形的透视

平面形的透视指构成平面形周边的诸轮廓线的透视。如果平面形是直线多边形,其透视与基透视一般仍为直线多边形,而且边数仍保持不变。图 9 – 24 所示是一个矩形 $ABCD$ 的透视图。矩形的透视 $A°B°C°D°$ 与基透视 $a°b°c°d°$ 均为四边形。AB 与 CD 两边线为水平线,AD 与 BC 为倾斜线。

如果平面形所在平面通过视点,其透视则蜕化成一直线,而其基透视仍为一个多边形。图 9 – 25 所示的矩形 $ABCD$ 就是扩大后将通过视点 S 的平面形,其透视 $A°B°C°D°$ 成一直线段,其基透视 $a°b°c°d°$ 为四边形。

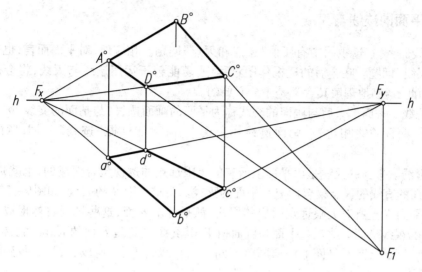

图 9 – 24　平面形的透视

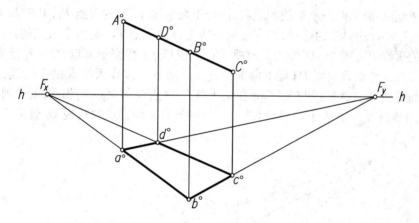

图 9 – 25　平面通过视点, 其上的平面形透视重合成一直线

如果平面形处于铅垂位置, 其基透视则成一直线, 其透视还是一个多边形。图 9 – 26 中所示的五边形 *ABCDE* 就是一个铅垂平面, 从中可以看出其透视和基透视的变化。

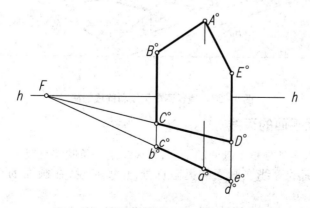

图 9 – 26　铅垂面的基透视积聚成一直线

9.4.2　平面的迹线与灭线

对直线而言,在透视图中有所谓"迹点和灭点"问题。相应地,对平面而言,也有平面的"迹线与灭线"问题。在今后的透视作图过程中,若能善于运用迹线与灭线,将会得到不少的便利,因此,透彻地理解其含义是十分必要的。

(1)迹线。平面扩大后与画面的交线称为平面的画面迹线;与基面的交线,称为平面的基面迹线。两种迹线相比较,画面迹线作用更大,所以如仅提"迹线"一词,意即指画面迹线。

(2)灭线。平面的灭线是由平面上所有的无限远点的透视集合而成的,也就是说,平面上各个方向的直线的灭点集合而成为平面的灭线。为求平面 R 的灭线,如图 9-27 所示,从视点 S 向平面 R 上所有无限远点引出的视线,都平行于 R 面,这些视线自然形成了一个平行于 R 面的视线平面。此视线平面与画面相交,其交线 R_f 就是 R 面的灭线。它必然是一条直线,因此,只要求得 R 平面上任意两个不同方向直线的灭点,连成直线,就得到该平面的灭线。

如图 9-27 所示,平面 R 由矩形 $ABCD$ 所确定,其透视为 $A°B°C°D°$,基透视为 $a°b°c°d°$。$C°D°$ 与 $A°B°$ 是平面上两条水平线的透视,汇交于视平线 hh 上的灭点 F_y,$A°D°$ 与 $B°C°$ 是平面上两条相互平行的斜线的透视,汇交于视平线上方的灭点 F_1,这两个灭点的连线 F_yF_1 就是平面 R 的灭线 R_f。延长 DA 线的基透视 $d°a°$ 与基线 gg 相交于 k 点,由 k 作竖直线与 $D°A°$ 相交于 K 点。这就是空间 DA 线对画面的迹点。通过 K 点作灭线 R_f 的平行线,这就是平面 R 的画面迹线 R_p。此迹线与基线 gg 相交于点 N,将点 N 与灭点 F_y 相连,就得到 R 面的基面迹线 R_g 的透视 $R°_g$。R 面上的任何直线,如 DA 线,其基面迹点的透视 $M°$ 就位于基面迹线 R_g 的透视 $R°_g$ 上。

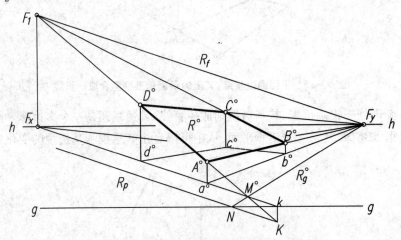

图 9-27　透视图中灭线和迹线的确定

9.4.3　各种位置平面的灭线

(1)既倾斜于基面又倾斜于画面的平面,其灭线是一条倾斜直线。

(2)画面平行面的灭线在画面的无限远处,也就是说,在画面的有限范围内不存在灭线。

(3)基面平行面(包括基面,即水平面)的灭线就是视平线。

(4)基线平行面,其灭线一定是水平线,但不重合于视平线。

（5）基面垂直面（即铅垂面），其灭线是画面上的竖直线。

（6）画面垂直面，其灭线必然通过心点 $s°$。

（7）基线垂直面，其灭线是通过心点 $s°$ 的竖直线。

9.4.4 直线、平面间各种几何关系的透视表现

（1）直线如位于平面上，或平行于此平面，则直线的灭点就在该平面的灭线上。

（2）如果平面上的直线既平行于平面的直线，又同时平行于画面，那么，这种直线的灭点就是平面灭线上的无限远点，从而直线的透视成为该平面灭线的平行线。

（3）两平面相互平行，则两平面有共同的灭线。

（4）两平面相交，交线的灭点就是两平面灭线的交点。

（5）相交二平面中有一平面平行于画面，则交线亦平行于画面，于是，交线的透视就一定与另一平面的灭线平行。

9.5 透视图的分类

空间物体有长、宽、高三个方向的量度。建筑物中绝大多数的轮廓线（棱线）都与这三个方向平行。因此，把这三个方向，即长（OX）、宽（OY）、高（OZ）称为主向，平行于主向的直线灭点称为主向灭点。

根据建筑物与画面的相对位置关系，透视图可分为平行透视、成角透视和斜透视三种。

9.5.1 平行透视

当建筑物的主立面与画面平行时，所形成的建筑透视图叫平行透视，也叫正面透视。这时建筑物的三个主要方向的轮廓线有两个方向（长、高）的轮廓线与画面平行，无迹点、灭点。只有宽度方向的轮廓线与画面垂直相交产生一个灭点，即主点 $s°$，为此平行透视又称为一点透视，如图 9–28 所示。

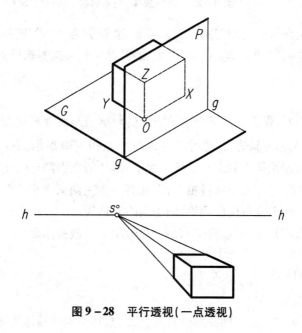

图 9–28   平行透视（一点透视）

用平行透视方法画出的透视图显得端庄、稳重、景深感强,常用来画纪念性建筑物的门廊、入口或处于林荫道底景的建筑物。由于这种透视图画起来比较简便,建筑物的室内表现图一般也多采用这种透视。

9.5.2　成角透视

建筑物的主要立面与画面成一定的倾斜角度,画出的建筑透视图称为成角透视,也称为两点透视。即建筑物的三个主要方向的轮廓线中高方向的轮廓线与画面平行,而另外两个方向(长、宽)的轮廓线与画面相交,产生两个位于视平线 hh 上的灭点 F_x、F_y,为此成角透视又称为两点透视,如图 19 – 29 所示。

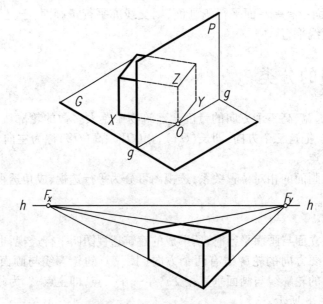

图 9 – 29　成角透视(两点透视)

用成角透视方法所作的透视图图面效果生动、立体感强,为常用的一种透视作图方式。成角透视的适用范围很广,如广场、街景、室内、庭院及一般建筑等都可采用成角透视。

9.5.3　斜透视

画面倾斜于基面时,建筑物的三个主要方向的轮廓线与画面相交产生三个灭点 F_x、F_y、F_z,这样画出的透视图称为斜透视,也称三点透视,如图 9 – 30 所示。

斜透视采用的画面倾斜于基面。一般情况下,形体的立面都与画面倾斜成一定的角度。三个主向(OX、OY、OZ)都与画面倾斜相交,因此有三个主向灭点 F_x、F_y、F_z。画面可向前倾斜,画出仰望斜透视;画面也可向后倾斜,画出俯瞰斜透视。

斜透视可用于高层建筑、纪念碑、纪念塔、鸟瞰图等的透视作图。

9.6　视觉范围与视点选定

视点、画面和建筑物三者之间相对位置的变化,直接影响所绘透视图的形象。从几何学

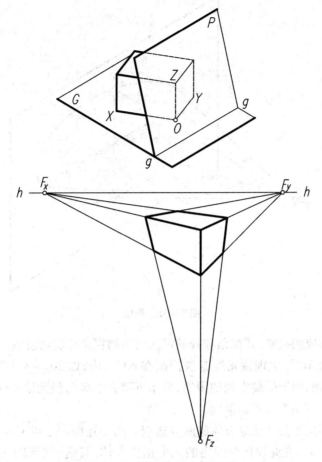

图 9 - 30　斜透视(三点透视)

的观点说,视点、画面和物体的相对位置,不论如何安排,都可以准确地画出建筑物的透视图来。但是,要使透视图中所描绘建筑物的形象尽可能符合人们在正常情况下直接观看该建筑物所获得的视觉印象,就不能不从生理学的角度考虑人眼的视觉范围。如果忽略了这个问题,就可能使透视图变得畸形或失真,而不能正确地反映设计意图。同时,为了让人们从透视图中尽可能多地获知建筑物的造型特征,应该将视点放在最恰当的位置上来画出透视图,以免引起错觉和误解。

9.6.1　人眼的视觉范围

当人不转动自己的头部,而以一只眼睛观看前方环境和物体时,其所见是有一定范围的。这个以人眼(即视点)为顶点、以中心视线为轴线的锥面(图 9 - 31),称为视锥。视锥的顶角,称为视角。视锥面与画面相交所得到的封闭曲线内的区域,称为视域(或视野)。根据专门测定,人眼的视域接近椭圆形,其长轴是水平的。也就是说,视锥是椭圆锥,其水平视角 α 最大可达到 $120° \sim 148°$(对一只眼睛而言),而垂直视角 δ 也可达到 $110°$。但是清晰可辨的只是其中很小的一部分。为了简单起见,一般把视锥近似地看作正圆锥。于是,视域也就成为正圆了。

以上论及的视角和视域,可称之为生理视角和生理视域。自人眼向所描绘物体的周边

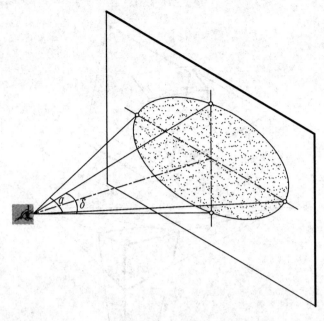

图 9－31　视锥

轮廓引出的视线形成的视锥,其视角和视域可称为实物视角和实物视域。

　　绘制建筑透视图时,生理视角通常被控制在 60°以内,以 30°～40°为佳。在特殊情况下,如绘制室内透视,由于受到空间的限制,视角可稍大于 60°,但无论如何也不宜超过 90°。因为此时的透视已开始有失真的倾向。

　　图 9－32 中画出了几个正立方体的两点透视。图中还画出了以 $s°$ 点为圆心的圆,以表示视角为 60°的视域。在此视域范围内的几个正立方体,其透视看起来比较真切、自然,而处于视域外的正立方体,其透视形象则出现程度不同的变形,偏离视域圆周越远,其畸变越甚。若超出了两灭点外侧,则其透视难以让观者接受。

　　同时也应注意到,立体的透视虽然处于视域之内,但由于立体体量甚小,所形成的实物视角过小。相对而言,也就是两灭点相距太远,从而诸水平线的透视消失现象削弱,以至透视形象近似于轴测投影。如图 9－32 中所示的两个较小的正立方体,就是如此,同样不能让观者满意。由此可见,视角的大小对透视形象影响极大。

9.6.2　视点的选定

　　视点是由视距、站点、视高确定其空间位置的,因此视点的选择包括视距、站点及视高的选择。

1. 视距的选择

　　视距 $Ss°(ss_g)$ 由视角大小控制,因此视角大小应适宜。图 9－33 为一长方体建筑物的透视,站点 s_1 与建筑物距离较近,导致视角 α_1 偏大,两灭点相距较近,水平轮廓线的透视收敛得过于急剧,透视图给人的视觉效果因畸变而失真。

　　如将站点移到 s_2 处,此时,视角 α_2 接近 40°,两灭点相距较远,水平轮廓线的透视显得平缓,透视图看起来更真实自然。可见视角大小对透视图形象影响甚大。

　　当建筑物的高度大于长宽尺寸时,视距要由垂直视角来确定,即要满足垂直视角的正常

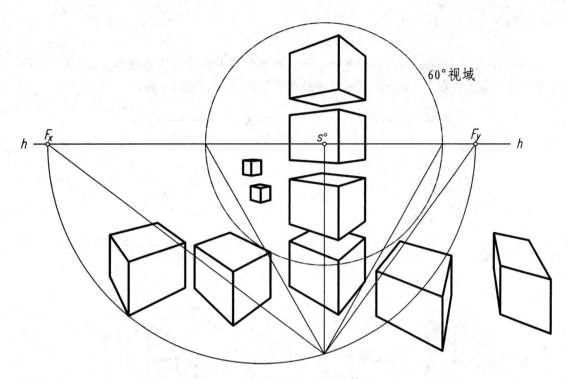

图 9－32　视觉范围与透视形象的关系

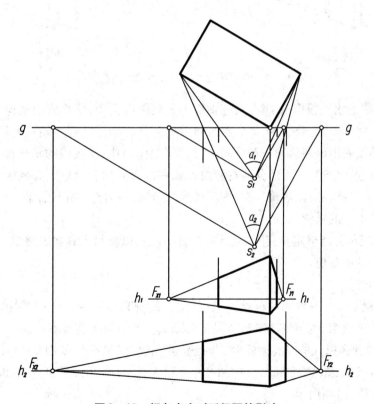

图 9－33　视角大小对透视图的影响

值范围。

2. 站点的选择

视距确定后,站点 s 的左右位置应选在画面宽度 W 中间的 1/3 范围内,如图 9 - 34 所示,但是一般不要在中心线上。同时选择站点的位置,还要注意以下两点。

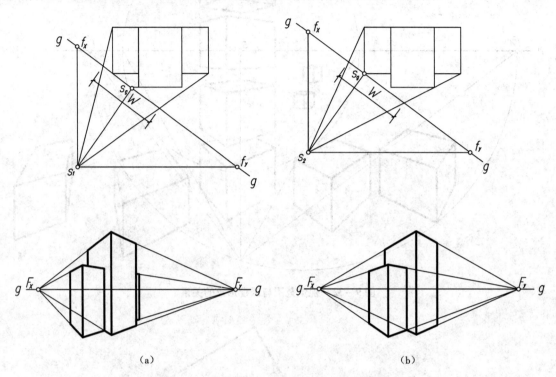

（a）　　　　　　　　　　　　　　　（b）

图 9 - 34　透视图应充分体现建筑物的造型特点

（1）主视线的水平投影 ss_g 应在画宽中部 1/3 范围内摆动,使绘成的透视图能充分体现建筑物的体形特点。如图 9 - 34 中的建筑物由三部分组成,图（a）中站点 s_1 位置较好,形成的透视图能够反映出该建筑物三部分的透视;而在图（b）中,主视线的水平投影不在画宽中部 1/3 范围内,过建筑物中间部分的右前角点和右边部分的右前角点的视线在平面图中重合,在透视图中只反映出该建筑物左、中两部分的透视,右边部分完全被遮,给人造成该建筑物是由两部分组成的错觉。

（2）站点应尽可能确定在实际环境许可的位置上,以便给人真实的感觉,并应尽可能确定在人流量较多的部位。

3. 视高的选择

视高,即视平线与基线间的距离,一般可按人的身高（1.5 ~ 1.8 m）确定。但有时为使透视图取得特殊效果,也可将视高适当提高或降低。不同的视高有不同的透视效果,如图 9 - 35 所示。当视高以人的身高确定时,获得平透视效果（平视）,如图 9 - 35（a）所示;提高视高可以获得鸟瞰透视图（俯视）,如图 9 - 35（b）所示;降低视高可以获得蛙透视图（仰视）,如图 9 - 35（c）图所示。

提高视平线的效果如同俯视,可以使被表现的地面显得比较开阔。这种方法可用于表现室内、场景、小区建筑群的规划布置等。

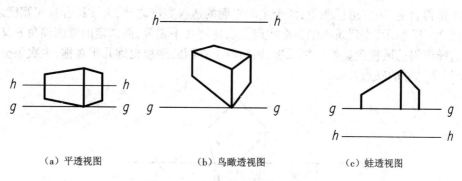

（a）平透视图　　　　　（b）鸟瞰透视图　　　　　（c）蛙透视图

图 9 - 35　视高对透视效果的影响

降低视平线可使透视图产生仰视效果，可以使透视图中的建筑形象显得高耸、雄伟。

9.6.3　画面与建筑物的相对位置的选择

1. 画面与建筑物立面的偏角大小对透视形象的影响

如图 9 - 36 所示，建筑物的某一立面与画面的偏角 θ 愈小，则该立面上水平线的灭点愈远，透视收敛则愈平缓，于是该立面的透视就愈宽阔。相反，偏角 θ 愈大，则该立面上水平线的灭点愈近，透视收敛则愈急剧，于是该立面的透视愈狭窄。

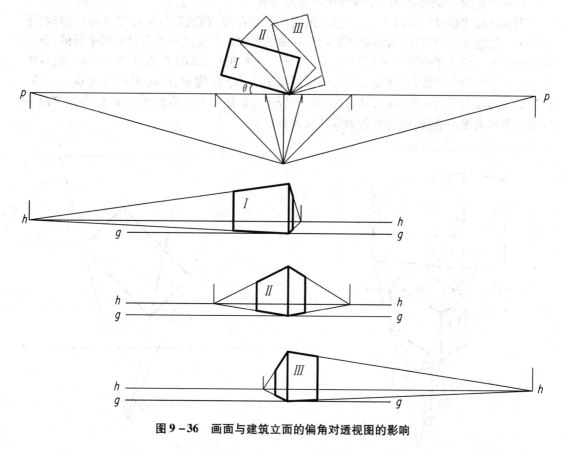

图 9 - 36　画面与建筑立面的偏角对透视图的影响

我们在绘制透视图时，就要根据这个透视规律，恰当地确定画面与建筑物立面的偏角。

如偏角 θ 定得合适,则在透视图中,两个主向立面的透视宽度之比,大致符合真实宽度之比。

如图 9 – 37 所示,当建筑物的两个主向立面宽度几乎相等,而选定的画面偏角 θ 又接近 45°时,这样求得的透视图显得特别呆板,因为两个立面的透视轮廓几乎对称,主次不分。作图时,应避免这样的缺点。

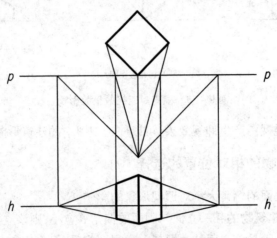

图 9 – 37　偏角不当,图形呆板

2. 画面与建筑物的前后位置对透视形象的影响

当视点和建筑物的相对位置确定后,画面可安放在建筑物前,也可在建筑物后,当然还可使画面位置穿过建筑物,这些都不影响透视图的形象。只要这些画面是互相平行的,那么在这些画面上的透视形象都是相似图形。如图 9 – 38 所示,画面 P_1 在建筑物之前,建筑物上与画面平行的轮廓线,其透视长度均较正投影图中的长度缩短;而画面 P_2 在建筑物之后,建筑物上与画面平行的轮廓线,其透视长度均较正投影图中的长度放大。因此,有人将前一种透视图称为缩小透视,而将后者称为放大透视。

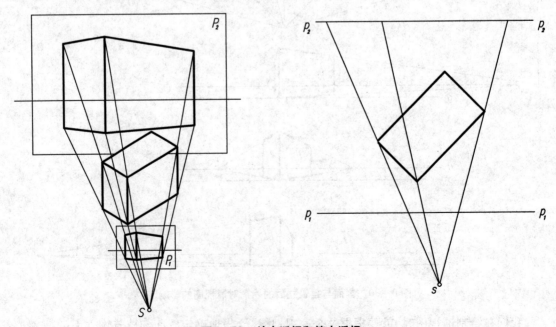

图 9 – 38　放大透视和缩小透视

9.6.4　在建筑平面图上如何确定站点、画面的位置

综上所述,站点、画面在建筑平面图上的位置,可用下述两种方法之一确定。

1.先确定画面,然后确定站点

(1)如图 9 – 39 所示,过平面图的某一转角点(如点 b)作基线 gg(画面迹线),使其与 ab 成 θ 角(θ 角根据需要来定)。

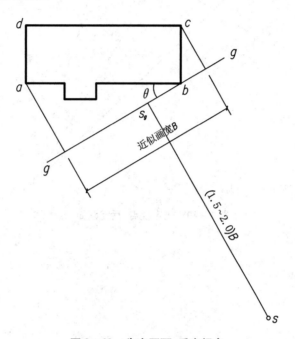

图 9 – 39　先定画面,后定视点

(2)过转角点 a 和 c 向 gg 作垂线,得透视图的近似宽度 B。

(3)在透视图近似宽度中部的 1/3 范围内,选定 s_g,由 s_g 作 gg 的垂线 ss_g,即中心视线的水平正投影。使 ss_g 的长度等于透视图近似宽度 B 的 1.5 ~ 2.0 倍(建筑物高度大于长宽尺度的除外)。

2.先确定站点,然后确定画面

(1)如图 9 – 40 所示,先确定站点 s,由 s 向建筑平面图作两条边缘视线 sa 和 sc,使 sa 和 sc 间的夹角 α 为 30° ~ 40°。

(2)在两条边缘视线间引出角平分线 ss_g,即中心视线的水平正投影。

(3)作基线 g-g(画面迹线)垂直于 ss_g,基线 gg 最好通过建筑平面图的一个角点(如点 b),然后根据表现要求调整中心视线的水平正投影。

总之,要绘出一张漂亮而又合适的透视图,是一个综合技术问题,既要选择好上述相应的参数,又要采用合适的画法,这样才能又快又好地完成透视图。

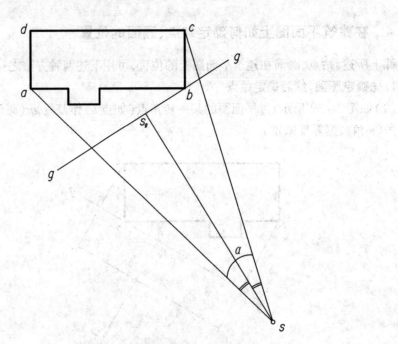

图 9 – 40　先定视点,后定画面

第 10 章　透视图的基本画法和辅助画法

　　绘制建筑透视图一般从平面图开始。首先将建筑物平面图的透视画出来，即得到透视平面图。在此基础上，再将各部分的透视高度立起来，这样就可以完成整个建筑透视图的绘制。

　　透视平面图可以通过多种方法画出，每种方法各有其特点。在作图过程中可以用单一方法，也可以几种方法配合使用。只要将各种方法理解深透，自能得心应手。

　　透视高度的确定，除了可以采用 9.3 节所述的方法外，也可以借助于斜线的灭点、平面的灭线等方法画出。

　　建筑物的透视图并不需要不分巨细、无一遗漏地画出来，只要将建筑物的主要轮廓画出即可，至于门、窗及细部装饰可用其他的简捷画法来解决。

10.1　建筑师法和全线相交法

10.1.1　基面上直线段的透视画法

　　建筑方案的平面图是设想画在基面上的平面图形，是由基面上的许多直线段组成的。因此，首先应掌握基面上直线段的透视画法。

　　如图 10-1(a)所示，为了作出基面上直线 AB 的透视 $A^\circ B^\circ$，将 AB 延长与画面相交于基线 gg 上的迹点 T。过视点 S 平行于 AB 引视线 SF，与画面相交于视平线 hh 上的灭点 F。连线 TF 就是 AB 线全线透视。A、B 两点的透视必然落在 TF 上。

　　自视点 S 向 A、B 两点引两条视线，这两条视线一定与画面相交在 TF 线上，视线在基面上的正投影 sA 和 sB 就与基线相交于 a_g 和 b_g 两点。

　　具体作图如图 10-1(b)所示，将基面与画面分开，上下对齐安放，使基面上的画面线 pp 和画面上的视平线 hh、基线 gg 互相平行。在基面上，延长 AB 与 pp 相交于 t；再过站点 s 平行于 AB 作 sf 线，与 pp 相交于 f。然后，自 t 和 f 分别作竖直线，前者与画面上的 gg 相交于点 T，后者与 hh 相交于点 F，T 和 F 分别是 AB 的迹点和灭点，连线 TF，则透视 $A^\circ B^\circ$ 必在其上。再在基面上，自站点 s 引 sA 和 sB，相当于视线 SA 和 SB 的水平投影，与 pp 相交于 a_g 和 b_g，相当于 A° 和 B° 的水平投影。故自 a_g 和 b_g 引竖直线，与 TF 相交于 A° 和 B° 两点，$A^\circ B^\circ$ 就是 AB 的透视。这种利用迹点和灭点确定直线的全线透视，然后再借助视线的水平投影求作直线段的透视画法，习惯上称为建筑师法(或称视线法)。

10.1.2　空间水平线的透视画法

　　如图 10-2(a)所示，设空间有一条水平线 CD，其基面投影为 cd。若用建筑师法求水平线 CD 的透视，首先过视点 S 作 $SF/\!/CD$ 交视平线 hh 于 F 点，即为 CD 的灭点，其基灭点也

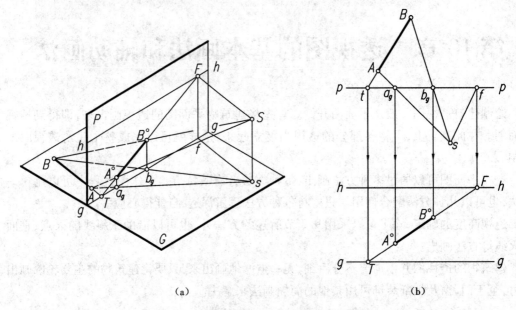

（a）　　　　　　　　　　　　　　　（b）

图 10 - 1　用建筑师法作基面上直线的透视

是 F 点；再求出 cd 的迹点 t，CD 的迹点是 T，Tt 是一条竖直线，其距离正是水平线 CD 离开基面的高度 L。连线 TF 就是 CD 线透视方向，而 tF 是 CD 线的基透视方向。利用视线 SC 和 SD 的水平投影 sc、sd 与基线 gg 线的交点 c_g 和 d_g，上投到 TF 和 tF 线上，即可求出 C、D 两点的透视和基透视。具体作图如图 10 - 2(b) 所示，参照图 10 - 2(a) 不难画出水平线 CD 的透视和基透视。

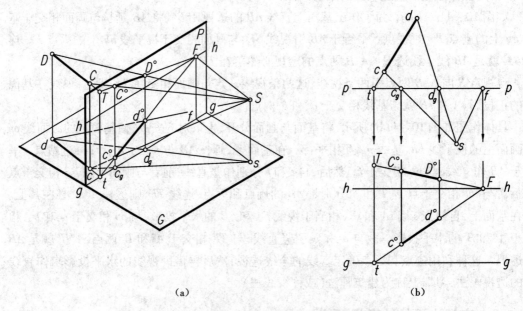

（a）　　　　　　　　　　　　　　　（b）

图 10 - 2　用建筑师法作空间水平线的透视

10.1.3　建筑平面图的透视画法

1. 用建筑师法作透视平面图

用建筑师法作透视平面图如图 10 - 3 所示。

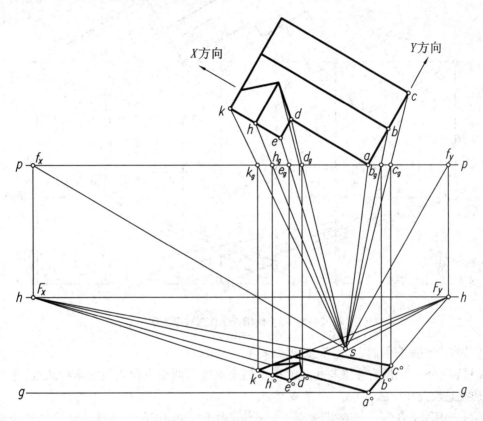

图 10 - 3　用建筑师法作透视平面图

（1）首先求出平面图中相互垂直的两主向直线的灭点。自站点 s 平行于两主向直线作视线与 pp 线相交于 f_x 和 f_y，再由 f_x 和 f_y 下投到视平线 hh 上，即得到两主向灭点 F_x 和 F_y。

（2）从平面图中看到 a 点在 pp 线上，其透视 $a°$ 即其本身。自 a 点直接下投到 gg 线上，即 a 点的透视 $a°$。

（3）直线 ad 和 ac 分别是 X 方向和 Y 方向的直线。自 $a°$ 向 F_x 和 F_y 引直线即 ad 线和 ac 线的全线透视。由 s 点向 b、c、d……引视线与 pp 线相交于 b_g、c_g、d_g……，再将这些交点下投到相应的全线透视上，即得到 b、c、d……各点的透视 $b°$、$c°$、$d°$……

（4）至于 de 线，无须作出它的迹点，直接由 $d°$ 向 F_y 引直线，然后自 se 与 pp 的交点 e_g 下投到 F_y $d°$ 的延长线上，即可得到点 e 的透视 $e°$。

按此方法，可将平面图上其余各点的透视画出来，从而完成整个透视平面图的绘制。

2. 用全线相交法作透视平面图

用全线相交法作透视平面图如图 10 - 4 所示。

（1）将平面图上两组主要方向的所有直线都延长到与画面相交，求得全部迹点。1、3、5 和 a 是 Y 方向直线的迹点，2、a、4、6 和 8 是 X 方向直线的迹点。

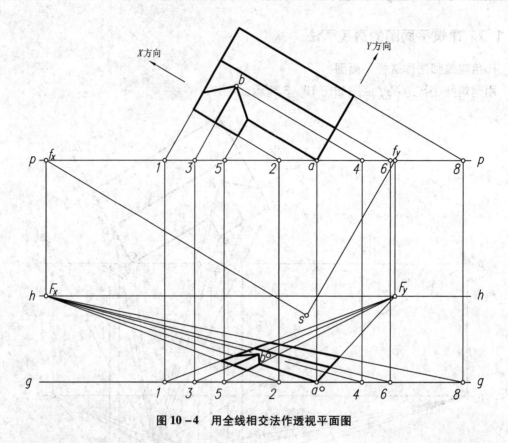

图 10－4　用全线相交法作透视平面图

（2）求出平面图中两主向直线的灭点 F_x 和 F_y。

（3）将基线上的所有迹点与相应的灭点相连就得到两组主向直线的全线透视，这两组全线透视是彼此相交的，形成一个透视网格。

（4）平面图上各顶点的透视，就是由这个透视网格中相应的两直线的全线透视相交而确定的，从而画出整个平面图的透视。

需要注意的是，在这个透视网格中增加了一条 X 方向的辅助线 $4b$，这是为了确定小屋脊的端点 b 的透视位置。

这种利用两组主向直线的全线透视直接相交而得到透视平面图的画法，称为全线相交法。此法不同于建筑师法之处在于无须自视点向平面图各顶点引视线，作图步骤明确，道理简单。

全线相交法借助两组主向直线的全线透视直接相交，从而确定平面图上各点的透视位置。那么，假使原来选定的视高太小，如图 10－5 所示，基线 gg 过分接近视平线 hh，这就使得画出的透视网格被"压"得很扁，相交的两直线间的夹角极小，从而交点的位置很难准确确定。此时，可以将基线 gg 降低（或升高）一个适当的距离，达到 g_1g_1 的位置。据此画出的透视网格中两组直线的交点位置十分明确。然后，再回到原基线与视平线间求得透视平面图。因为不论按原基线、降低的基线或升高的基线所画出的各个透视平面图，其上相应顶点总是位于同一竖直线上的。

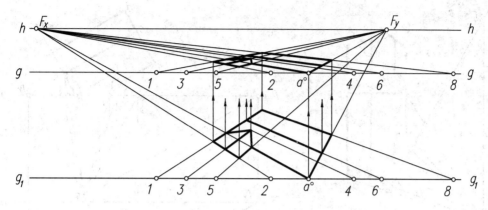

图 10 – 5　用降低或升高基线的方法来提高作图的准确度

10.1.4　建筑师法作图举例

图 10 – 6(a)中给出了双坡顶小屋的平、立面图,求作它的两点透视。

(1)根据需要,选定了站点 s 和画面的位置 pp,如图 10 – 6(a)所示。

(2)将图 10 – 6(a)的平面图所示画面、视点和小屋的相对位置,移画到图 10 – 6(b)中,使画面线 pp 处于水平位置,并在其下平行于 pp 作基线 gg,按选定的视高画出视平线 hh。自站点 s 引出建筑平面图中两组主向轮廓线的平行线(即视线的水平投影),与画面线 pp 交于 f_x 及 f_y 两点,由此下投到视平线 hh 上,得到 F_x 及 F_y 两点,这就是两组水平轮廓线的灭点(即主向灭点)。

(3)自站点 s 向房屋平面图中各顶点引直线,即诸视线的水平投影,与画面线 pp 相交于 b_g、c_g、…… 点 a 恰好就在 pp 上,即表明墙转角棱线 Aa 就位于画面上,故其透视 $A°a°$ 即其本身 Aa。因视高较小,hh 与 gg 离得比较近,在此将基线 gg 降到 g_1g_1 作透视平面图。自 a 直接作竖直线引到 g_1g_1 上,得 $a°$。连接 $a°F_y$,与过点 c_g 之铅垂线交得透视点 $c°$。连线 $a°F_x$,与过点 l_g 之铅垂线交得透视点 $l°$。连接 $F_y l°$ 并延长,与过 k_g 之铅垂线交得点 $k°$。连接 $k°F_x$,与过 j_g 之铅垂线交得点 $j°$。折线 $c°a°l°k°j°$ 就是墙脚线之透视。过点 $c°$、$a°$、$l°$……作铅垂线,就是墙角棱线的透视位置。

(4)确定各个墙角棱线的透视高度。如图 10 – 6(c)所示,过各点作竖直线回到原基线 gg 上确定高度。棱线 Aa 位于画面上,故透视 $A°a°$ 即表现真高。至于屋脊及矮檐的透视高度,则先在平面图中将屋脊及矮檐的投影按 x 方向延长,与 pp 相交于 1、2 点,自点 1 和 2 所作铅垂线,都是画面上的真高线。在这些真高线上,自 gg 向上,分别按立面图上的实际高度量得点 Ⅰ 和 Ⅱ。自点 Ⅰ 和 Ⅱ 向灭点 F_x 引直线,就能求得屋脊及矮檐的透视,从而完成整个小屋的透视图。

如为图幅所限可以不将平面图移到图 10 – 6(b)中,而在原图 10 – 6(a)中,直接求得 f_x、f_y 以及 a、b_g、c_g、l_g、…… 可借助纸条,将这些点不改变其左右相对距离,移放到画面(图 10 – 6(b))中的 gg 线上,从而完成透视作图。如果是计算机绘图,就比较简单,只需通过旋转将基线旋转到水平位置。

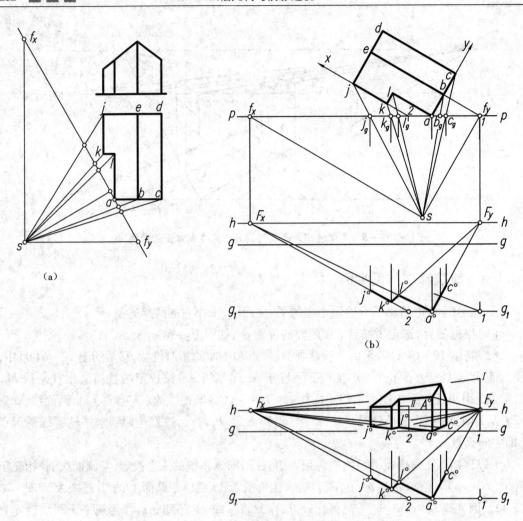

图 10 - 6　用建筑师法作透视的实例

10.1.5　全线相交法作图举例

图 10 - 7(a)给出了一建筑物的平、立面图(此处平面图被放在立面图上方),并在平面图中确定了站点 s 和画面 pp,在立面图中按选定的视高画出了基线 gg 和视平线 hh。用全线相交法求该建筑物的两点透视。

从图 10 - 7(a)中可以看出确定的视高太小,按此作透视平面图很难准确。因此在图 10 - 7(b)中,除了按原定视高画出了视平线和基线,在其下又画出一降低的基线 g_1g_1。

在图 10 - 7(a)中,求出建筑平面图两组主向直线的迹点 2、4、6、5、……、1,自站点 s 引两主向轮廓线的平行线,在 pp 上定出两主向灭点的位置 f_x 和 f_y。

然后,借助纸条(计算机绘图只需进行旋转)将 pp 线上的 f_x、2、4、……、f_y 点,转画到图 10 - 7(b)中的 g_1g_1 线上,再从 f_x 和 f_y 两点上投到视平线上得到灭点 F_x 和 F_y。

自点 1、A、3、5 各点向灭点 F_x 引直线,自点 2、4、6、A、8 各点向灭点 F_y 引直线,这两组直线交织成透视网格。从透视网格中不难勾画出该建筑物的降低了的透视平面图(只画出可

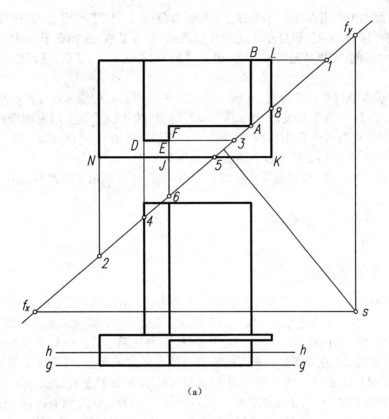

(a)

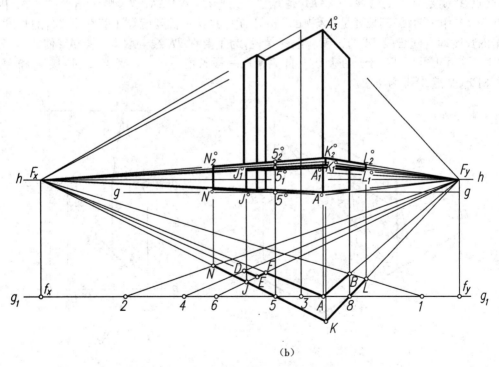

(b)

图 10－7　用全线相交法作透视的实例

见轮廓即可）。

由平面图中看出点 A 位于基线上，表明墙角线 AA_3 位于画面上，其透视即该墙角线自身，能反映其真实高度，故自点 A 向上作铅垂线，与原基线 gg 相交于点 $A°$，然后，在此铅垂线上，自 $A°$ 点起，按真高量得 $A_1°$、$A_2°$（因不可见，未标出）、$A_3°$ 各点，从而作出了墙角线 A 的透视。

至于求作悬挑平板的透视，从透视平面图中看到它的边线 KN 与 g_1g_1 相交于点 5，由 5 点向上作竖直线，与原基线 gg 相交于点 $5°$。然后按平板的真实高度和厚度，量得点 $5_1°$ 和 $5_2°$。自 $5_1°$ 和 $5_2°$ 向灭点 F_x 引直线，就画出了平板边线的透视 $K_2°N_2°$ 和 $K_1°J_1°$。图中点 8 与点 5 一样，也可用来求作悬挑平板的透视。

这里需说明一下，用建筑师法可以作一点透视，而全线相交法则不适用于作一点透视。

10.2　量点法与距点法

10.2.1　量点的概念

如图 10−8(a)所示，位于基线上的点 T 是基面上直线 AB 的迹点；点 F 是其灭点，位于视平线上。直线 AB 的透视 $A°B°$ 必在 TF 线上。为了在 TF 线上求出点 A 的透视 $A°$，可通过点 A 在基面上作辅助线 AA_1，与基线交于迹点 A_1，并使 TA_1 等于 TA。于是 $\triangle ATA_1$ 成为等腰三角形，而辅助线 AA_1 正是等腰三角形的底边。该辅助线的灭点，可由视点 S 作平行于 AA_1 的视线，与画面相交于视平线上的点 M 而求得。连线 A_1M 就是辅助线 A_1A 的全线透视。而 TF 是 TA 的全线透视，两条全线透视直线的交点，正是两直线交点的透视。因此，A_1M 与 TF 的交点 $A°$ 就是点 A 的透视。$\triangle ATA_1$ 是等腰三角形，则 $\triangle A°TA_1$ 是等腰三角形的透视，因而 $TA°$ 与 TA_1 作为两腰，其长度是"透视的"相等，$TA°$ 的真实长度就等于基线上 TA_1 的长度，而 TA_1 的长度即空间线段 TA 的长度。也就是说，为了要在 TF 线上取得一点 $A°$，使 $A°$ 与 T 点的距离实际上等于 TA，于是在基线上自 T 量取一段长度等于 TA，得点 A_1，连接 A_1 和 M，与 TF 相交，交点 $A°$ 即为所求。

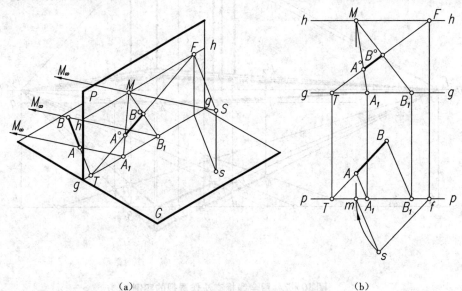

(a)　　　　　　　　　　　　　(b)

图 10−8　量点的概念

同理，为了求 TF 线上另一点 B 的透视，仍作同样的辅助线 BB_1，点 B_1 与 T 点的距离等

于 TB。由于辅助线 BB_1 和 AA_1 是互相平行的,所以 BB_1 的灭点也是点 M。连线 B_1M 与 TF 的交点 $B°$,就是点 B 的透视。$TB°$ 的真实长度就等于空间线段 TB 的长度。

正因为灭点 M 是用来量取 TF 方向上线段的透视长度的,所以将辅助线的灭点 M 特称为量点。利用量点直接根据平面图中的已给尺寸来求作透视图的方法,称为量点法。

至于量点的具体求法,从图 10 - 8(a)中不难看出:$\triangle SFM$ 和 $\triangle ATA_1$ 是相似的,当然也是等腰三角形,FM 的长度和 FS 相等。因此,以 F 为圆心,FS 的长度为半径画圆弧,与视平线相交,即得量点 M。这是空间情况的分析,实际作图是在平面上进行的,如图 10 - 8(b)所示。自站点 s 平行于 AB 作直线,与 pp 交于 f,以 f 为圆心,fs 为半径画圆弧,与 pp 相交于 m。由 f 作竖直线与 hh 相交,即得 AB 的灭点 F;由 m 作竖直线与 hh 相交,即得到与灭点 F 相应的量点 M,或者在 hh 上直接量取 $FM = sf$,也可得到 M 点。

还需指出的是,在实际作图时,辅助线 AA_1、BB_1 等不必在平面图上画出。

10.2.2　用量点法作透视平面图

如图 10 - 9(a)所示,给出了建筑物的平面图,并选定了站点 s 和画面位置线 pp,使 pp 通过平面图上一顶点 a。

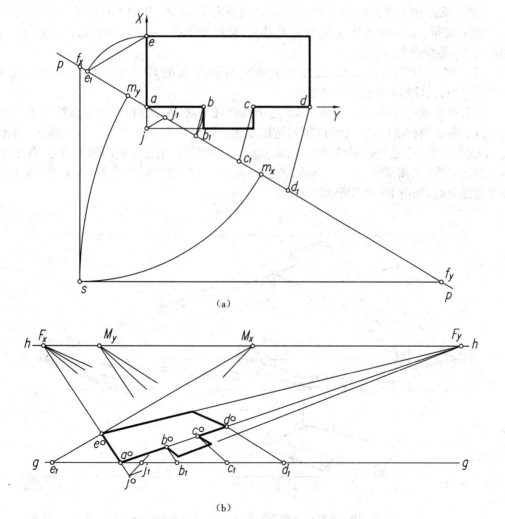

(a)

(b)

图 10 - 9　用量点法作透视平面图

　　首先,在平面图中定出灭点及相应量点的投影。由于建筑平面图上有两组不同方向的平行线,从站点 s 按这两个方向引出视线的投影,与 pp 相交于点 f_x 和 f_y,这就是 X 和 Y 两个不同方向灭点的投影;与 f_x、f_y 相对应,求得两个量点的投影 m_x、m_y。

　　然后,在画面上按选定的视高画出视平线 hh 和基线 gg,如图 10−9(b)所示。再将平面图中求得的点 f_x、m_y、m_x 和 f_y,不改变其相互距离地移到 hh 上,得到两组主向水平线的灭点 F_x、F_y 和相应的量点 M_x、M_y。这里,必须强调指出的是:灭点用于确定平面图上主向水平线的透视方向,而量点只是用于确定辅助线的透视方向,从而求得主向水平线的透视长度;而且某一方向的直线透视长度,只能用与它相应的量点来解决。

　　平面图上的顶点 a 在 pp 上,将点 a 移到图 10−9(b)中的 gg 上,就是透视 $a°$。需要注意的是不能改变它相对于灭点的左、右距离。

　　在平面图 10−9(a)中,过点 a 的两条主向直线 ad 和 ae 被选作两个方向度量的基准线。在图 10−9(b)中,首先作出这两条基准线的透视方向 $a°F_y$ 和 $a°F_x$。根据平面图中 Y 方向基准线上 a、b、c、d 各点间的实际距离,在图 10−9(b)中的 gg 线上,自 $a°$ 向右量得点 b_1、c_1、d_1;由 b_1、c_1、d_1 各点向量点 M_y 引直线 b_1M_y、c_1M_y、d_1M_y 与 $a°F_y$ 相交,即得透视点 $b°$、$c°$ 和 $d°$。同样,根据平面图中 X 方向基准线上 e、a、j 各点间的实际距离,在 gg 上量得点 e_1 和 j_1。注意平面图中 e 点在画面之后,而 j 点在画面之前,故图 10−9(b)中从点 $a°$ 向左量得 e_1,而向右量得 j_1。连线 e_1M_x、j_1M_x 与 $a°F_x$ 相交,即得透视点 $e°$ 和 $j°$。透视点 $j°$ 在 gg 下方,因为空间点 j 是画面前方的点。

　　通过 $b°$、$c°$、$d°$ 向 F_x 引直线,通过 $e°$、$j°$ 向 F_y 引直线,如图 10−9(b)所示,从两组直线组成的网格中,就可勾画出透视平面图来。

　　假若原来选定的视高很小,基线 gg 过于接近视平线 hh,此时,利用量点法来确定两主向直线上各点的透视位置,就难以做到清晰准确。这时可以按图 10−5 所示那样,将基线 gg 降低或升高一个适当的距离,如 g_1g_1 或 g_2g_2,则所得到的透视平面图就很清楚,各个交点的位置很明确。不论降低或升高基线,各层透视平面图的相应顶点总是上下对齐,位于同一条竖直线上的,如图 10−10 所示。

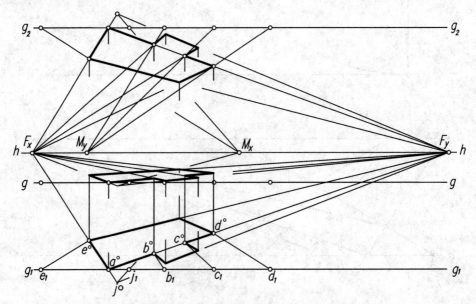

图 10−10　用量点法作透视平面图时,也可升高或降低基线

10.2.3　量点法作图举例

图 10 – 11(a)给出了一平顶小屋的平、立面图,现运用量点法求其两点透视图。图中已选定了站点 s 和画面 pp,并求出了两个主向灭点和量点的位置。

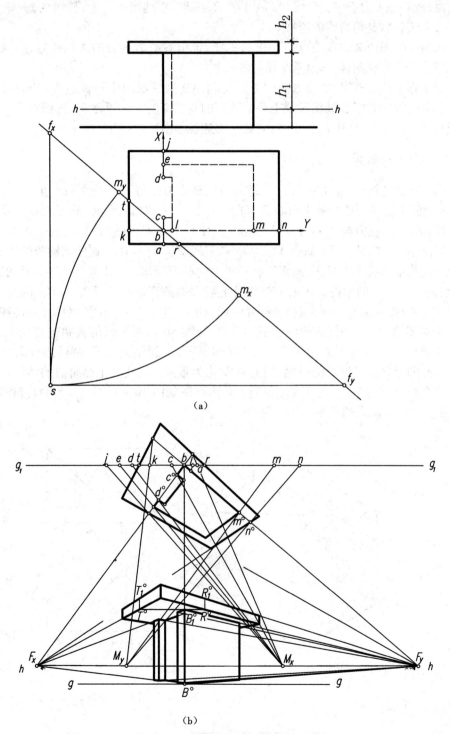

（a）

（b）

图 10 – 11　用量点法做建筑物透视图

此例由于选定的视高过小,因而在作图过程中采取了升高基线的办法,即将基线升高为 g_1g_1,画出了该建筑物的透视平面图,如图 10 – 11(b)所示。

然后,根据选定的真实视高,在图 10 – 11(b)中视平线的下方画基线 gg。透视平面图中,点 b 在 g_1g_1 上,表明小屋的墙角线 BB_1 位于画面上,其透视 $B^\circ B_1^\circ$ 即该墙角线自身,能反映其真高,故自点 b 向下作铅垂线,与 gg 相交于点 B°,在此铅垂线上,按墙的真高,自点 B° 量得一段 $B^\circ B_1^\circ$,就是墙角线的透视。

再由透视平面图其他各顶点向下作铅垂线,定出各条墙角线的透视位置,再与真高线 $B^\circ B_1^\circ$ 和灭点 F_x、F_y 相配合,作出整个墙体的透视。

至于求作顶板的透视,比较方便的方法是利用透视平面图中顶板边线与 g_1g_1 的交点 t 和 r,由 t 和 r 作铅垂线,在此铅垂线上量取顶板的真实高度 h_1 和厚度 h_2,得到点 T_1、T 和 R_1、R;由此向相应的灭点 F_x 和 F_y 引直线,完成全部透视作图。

10.2.4 距点的概念

求作一点的透视时,建筑物只有一组主向轮廓线由于与画面垂直而产生灭点,即心点 s°。这种画面垂直线的透视是指向心点 s° 的。如图 10 – 12(a)所示,基面上有一垂直于画面的直线 AB,其透视方向即 Ts°,为了确定该直线上 A、B 两点的透视,可设想在基面上,自 A、B 两点作同一方向的45°辅助线 AA_1、BB_1,与基线交于 A_1 和 B_1。这些辅助线的灭点,可通过平行于这些辅助线引视线,交画面于视平线上的点 D 而求得。A_1D、B_1D 与 Ts° 相交,交点 A°、B° 就是点 A 和 B 的透视。正由于辅助线是45°的,故 $TA_1 = TA$,$TB_1 = TB$。因此,在实际作图时,并不需要在基面上画出这些辅助线,而只需按点 A、B 对画面的距离,直接在基线上量得点 A_1 和 B_1 即可。同时,从图中也不难看出,视线 SD 与视平线的夹角也是45°,点 D 到心点 s° 的距离,正好等于视点对画面的距离(即视距)。利用灭点 D,就可按画面垂直线上的点对画面的距离求得该点的透视,因此点 D 称为距点。它实际上是量点的特例。这样的距点可取在心点 s° 的左侧,也可取在右侧。具体作图如图 10 – 12(b)所示,对照图 10 – 12(a)不难求出 A、B 两点的透视。

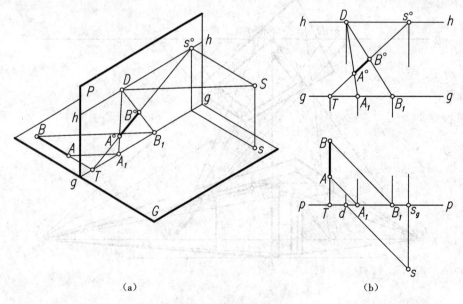

(a)　　　　　　　　　　　(b)

图 10 – 12　距点的概念

10.2.5　距点法作图举例

例 10.1　如图 10 – 13(a)所示为一组合体的两个视图。在主视图中标出了视平线 hh 和基线 gg,也就是给出了视高。在俯视图中标出了画面 pp 通过中间部分的前表面,并给出了站点 s 的位置。用距点法画出此组合体的一点透视。

解题分析

从图中可以看出,组合体由三部分组成,均为长方体。左右两个长方体完全一样,下底面在基面上,放置在画面的后边。中间长方体前表面在画面上,下底面和基面没有接触,而是有一定距离。

作图过程

(1)组合体 X、Z 两个主向与画面平行,没有灭点。只有 Y 方向与画面垂直,有一个灭点,即心点 $s°$。根据站点 s 与心点 $s°$ 的距离求出距点 D(此处取在左侧)的位置 d。

(2)在俯视图上,作出 Y 方向轮廓线与基线的交点 c、b、a、1,再定出 2、3、4 三个辅助点。

(3)在平面图的正下方画出视平线 hh 和基线 gg(也可在其他位置),可以看出因视高比较小,hh 与 gg 离得太近,求透视平面图时不易找点,为此将基线降低到 g_1g_1 处。

(4)在 hh 上对应标出心点 $s°$ 和距点 D 的位置。把上边求出的点 c、b、a、1 左右距离不变地移到 g_1g_1 上,并分别和心点 $s°$ 相连。再在 1 点右侧将 2、3、4 点挪移到 g_1g_1 上,标记为 2_1、3_1、4_1,将这三点与距点 D 相连。

(5)两组连线相交,在 $1s°$ 线上能找到 $2°$、$3°$、$4°$ 三个交点,即为 2、3、4 三点的透视。a、b 两点在基线上,其透视为其自身。

(6)过 $2°$、$3°$、$4°$ 三点分别作基线的平行线,与 $as°$、$bs°$、$cs°$ 相交,找到相应的交点连出透视平面图,如图 10 – 13(b)所示。

(7)过 g_1g_1 上的 c、b、a、1 作竖直线对应到原基线 gg 上,并和心点 $s°$ 相连。

(8)在 gg 上的 c、b、a、1 处量出三个长方体真实的高度,对应找到 C、B、B_1、B_2、A、A_1、A_2、Ⅰ 点,同样分别和心点 $s°$ 相连。

(9)从透视平面图中各个顶点向上作竖直线,对应找到立体上各点,画出组合体的透视图,完成全图,如图 10 – 13(b)所示。

例 10.2　已知某客厅(局部)的平面图、立面图及视距 $s_gs = 50$ mm,其余条件如图 10 – 14(a)所示,用距点法完成室内透视。

解题分析

根据平面图、立面图先求出房间和窗户的透视,然后求家具的透视平面图,最后由家具的真实高度定出透视高度,求出家具的透视。

作图过程

根据已给条件先画出基线 gg、视平线 hh,求出心点 $s°$ 和左右距点 D^- 和 D^+。

(1)求房间和窗户的透视,如图 10 – 14(b)所示。

按照图 10 – 14(a)立面图的大小,可先画出画面位置房间的长度(线段 12)和高度(线段 23)。

将房间在画面上的四个点分别与 $s°$ 相连,得到侧墙与地面、顶棚的交线。

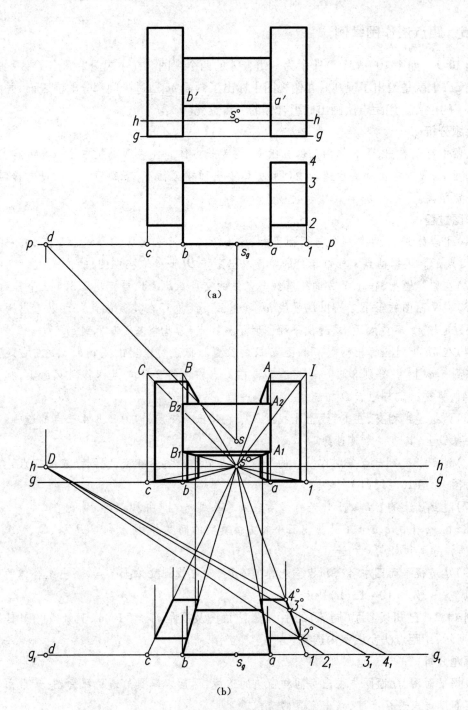

（a）

（b）

图 10 - 13　用距点法求形体的一点透视

　　按照墙裙与挂镜线（装饰线，也正是窗户上口和下口线）的真实高度在画面上找出 5、6 点，并分别与 $s°$ 相连。在房间左侧墙上画出对应的两条墙裙与挂镜线。

　　确定房间的深度：在图 10 - 14（a）平面图中量取房间深度（即平面图宽度），在 gg 上定出 7 点，并与距点 D^- 相连，和 $1s°$ 相交于 8 点，18 即为房间深度。由此画出正墙面，完成房间的透视。

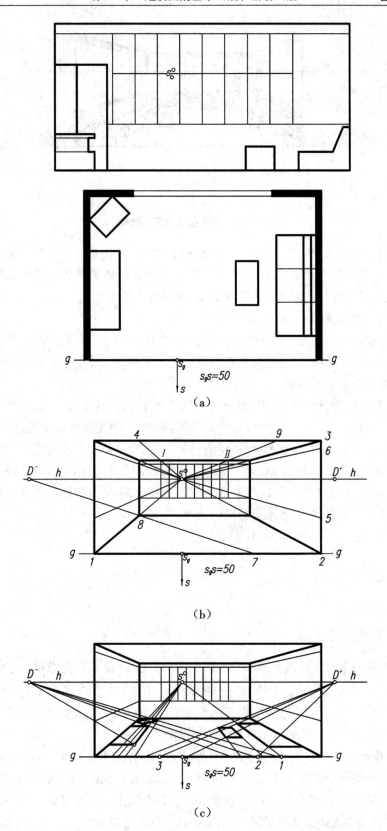

（a）

（b）

（c）

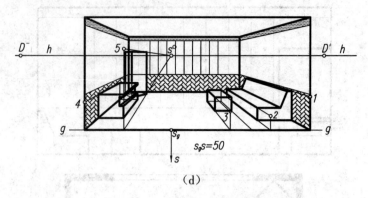

图 10 – 14　　用距点法求室内透视

求窗的透视：根据图 10 – 14(a)立面图中窗的真实宽度定出 4、9 两点，并分别与 $s°$ 相连。和正墙面与顶棚的交线相交于 Ⅰ、Ⅱ 点。Ⅰ Ⅱ 即为窗的透视宽度。窗的透视高度在墙裙线与挂镜线的透视之间。由于窗平行于画面，窗格可直接等分。

（2）求作房间里家具的透视。

①先求透视平面图，如图 10 – 14(c)所示。在图 10 – 14(a)平面图中将家具的画面垂直线延长并与基线（画面）相交，将各交点距离不变地移到画面上，定出家具在画面上的宽度和位置，并将这些点与 $s°$ 相连。

再将家具的深度距离移到 gg 上，并与对应距点相连，两组连线相交，从而定出家具平面图的透视位置。如图 10 – 14(c)所示，以沙发为例，连接 $1s°$ 确定沙发的宽度，连 $2D^+$ 和 $3D^+$ 确定沙发的深度，找到两个交点，然后作 gg 的平行线，从而确定了沙发的透视平面图。

②家具竖高，如图 10 – 14(d)所示。在垂直于画面的直线与 gg 相交处竖真高，如 1 点为沙发靠背的高度，2 为沙发坐垫的高度，3 为茶几的高度，4 和 5 分别为电视柜和空调的高度，然后根据平行线共灭点，就可求出家具的透视。

（3）整理、着色，结果如图 10 – 14(d)所示。

10.3　斜线灭点的运用

10.3.1　斜线灭点的求法

图 10 – 15 是一座双坡屋顶房屋。它的两个主向灭点 F_x 和 F_y 已经求得。它的山墙上有倾斜于基面的直线 AB、CD 等。现在欲求 AB 斜线的灭点，自视点 S 引平行于 AB 的视线 SF_1，与画面的交点 F_1 就是 AB 方向的灭点。欲求斜线 CD 的灭点，就从视点 S 平行于 CD 引视线，与画面相交于 F_2 点，点 F_2 就是 CD 方向的灭点。

从图中不难看出，视线 SF_1 有着与直线 AB 相等的倾角 α，即 $\angle F_1SF_x = \alpha$；同时也可看出 $\triangle F_1SF_x$ 平面是一平行于山墙面的铅垂面，因此，它与画面的交线 F_1F_x，必然是一条铅垂线。这就是说，斜线的灭点 F_1 和主向灭点 F_x 位于同一条铅垂线上。若使平面 F_1SF_x 以 F_1F_x 为轴旋转与画面重合，SF_x 就必定重合于视平线，而视点 S 则与量点 M_x 重合。同时，视线 SF_1 重合于画面成为 M_xF_1，它与视平线的夹角仍为 α。由此可以得到求作斜线灭点的具体方法：由

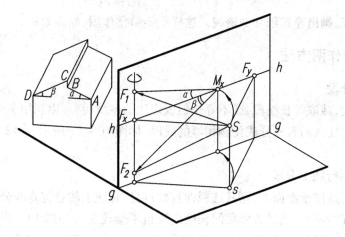

图 10 – 15　斜线灭点的概念和求法

量点 M_x 作与 hh 夹角为 α 的直线,此直线与通过 F_x 的铅垂线相交,交点 F_1 就是斜线 AB 的灭点。采用同样的方法,可求得 CD 方向的灭点 F_2。由图 10 – 15 中明显看出 AB 为上行直线,故其灭点 F_1 在 hh 的上方;而 CD 为下行直线,其灭点 F_2 在 hh 的下方。不论 AB 线或 CD 线,其基透视都是以 F_x 为灭点的。因而,AB 和 CD 的灭点 F_1 和 F_2 都在通过 F_x 的铅垂线上,从而求作灭点 F_1 和 F_2 时,必然是通过与 F_x 相应的量点 M_x 作重合视线 M_xF_1 和 M_xF_2 而求得的。

10.3.2　斜线灭点的运用

　　图 10 – 16 是利用图 10 – 15 中所示的斜线灭点的概念来求作房屋透视的。作图过程中的前半部分与前述的视线法或量点法一样,只是在求作山墙斜线的透视时,利用了斜线的灭点。这样,就免去量取山墙顶点 B、C 的真高。当建筑物上相互平行的斜线较多时,这样作图较为方便。

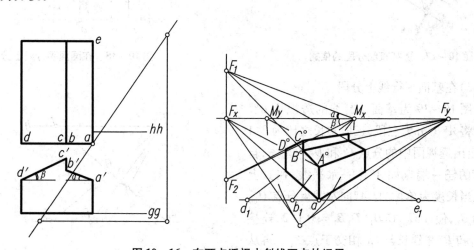

图 10 – 16　在两点透视中斜线灭点的运用

10.4　建筑细部透视的简捷画法

　　运用前述各种方法画出建筑物主要轮廓的透视后,要善于将初等几何的知识灵活运用到透视作图中来,画出建筑细部的透视。这样就能简化作图,提高效率。

10.4.1　几种作图方法

1.直线的分段

在两直线上,截取等长线段,或不等长但成定比的各线段,可以利用平面几何的理论,即一组平行线可将任意两直线分成比例相等的线段,如图 10 – 17 所示,$ab:bc:cd = a_1b_1:b_1c_1:c_1d_1$。

1)在画面平行线上分段

若画面平行线位于画面上,则其透视即直线自身,直线上的点将直线分成若干段的长度在透视图中仍保持不变,当然各线段间长度之比也不会改变。如图 10 – 18 所示,由于 $a°b°$ 与基线重合,所以透视 $A°B°$ 就是 AB 线自身,这样就可以按实际长度直接将 $A°B°$ 分成两段。

若画面平行线不在画面上,其透视长度虽有变化,但是线上的点将该直线段分成若干段的长度之比,在透视图中是不会改变的,因此还是可以直接按定比对画面平行线进行分段。如图 10 – 18 所示,由于基透视 $c°d°$ 积聚成一点,可以看出 $C°D°$ 是一条铅垂线的透视,当然也是画面平行线。欲将该线段按 $3:2$ 分成两段,就可任作一直线 C_1D_1,使 C_1 点与 $C°$ 点重合,以适当长度为单位,在 C_1D_1 线上截得 E_1、D_1 两点,使 $C_1E_1:E_1D_1 = 3:2$。将 D_1 和 $D°$ 相连,从 E_1 点作 $D_1D°$ 线的平行线,与 $C°D°$ 相交于点 $E°$,即为所求分点。

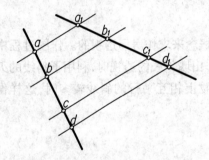

图 10 – 17　透视直线分段的依据

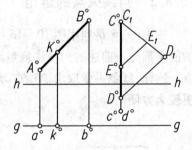

图 10 – 18　在画面平行线上分段

2)在基面平行线上分段

图 10 – 19 为基面平行线的透视 $A°B°$。要求将 $A°B°$ 分为三段,三段实长之比为 $3:1:2$,定出透视图中的分点 $C°$ 和 $D°$。首先,自 $A°B°$ 的任一端点如 $A°$ 作一水平线,在其上以适当长度为单位,自 $A°$ 向右截得分点 C_1、D_1 和 B_1,使 $A°C_1:C_1D_1:D_1B_1 = 3:1:2$,连接点 B_1 和 $B°$ 并延长与 hh 相交于点 F_1。再从点 F_1 向分点 C_1 和 D_1 引直线,与 $A°B°$ 交得点 $C°$ 和 $D°$,$C°$ 和 $D°$ 即为所求。这是由于直线

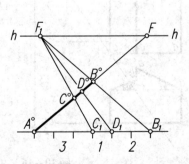

图 10 – 19　在基面平行线上截取成比例的线段

F_1C_1、F_1D_1 和 F_1B_1 都汇交于 hh 上的同一灭点 F_1,所以它们实际上是互相平行的基面平行线的透视,从而将 $A°B°$ 和 $A°B_1$ 分成的三段之比,相互间是"透视的"相等。

3）在一般位置直线上分段

对于一般位置线段的分段，可用以下两种方法。

方法一：先将线段的基透视按图 10 - 19 的画法进行分段，然后从各分点作竖直线，与线段的透视相交，这些交点就将线段按定比分段了，图 10 - 20(a)就是这样分段的。

方法二：可对线段的透视直接进行分段，这时，线段的透视必须有明确的灭点。如图 10 - 20(b)所示，一般位置线段的透视 $A°B°$ 有确定的灭点 F_1，过此灭点任作一直线 F_1F_2，作为直线 AB 所在平面的灭线。自点 $A°$ 引直线 $A°B_1$ 平行于灭线 F_1F_2，这就是该平面上一条画面平行线的透视，在 $A°B_1$ 上定一点 K_1，使 $A°K_1$ 与 K_1B_1 之比等于所要求两分段长度之比，连 B_1 $B°$ 直线，延长与 F_1F_2 交于 F_2 点，则 K_1F_2 与 $A°B°$ 的交点 $K°$ 即为所求的分点。

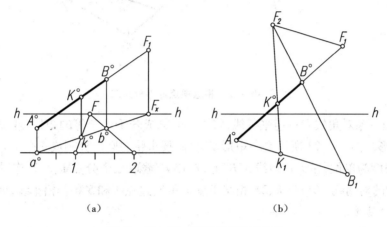

(a)   (b)

图 10 - 20 在一般斜线上定比分段

4）在基面平行线上连续截取等长线段

如图 10 - 21 所示，在基面平行线的透视 $A°M°$ 上，按 $A°B°$ 的长度连续截取若干等长线段的透视，定出这些线段的分点。

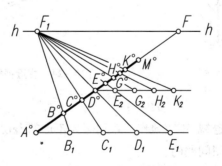

图 10 - 21 在透视直线上截取等长的线段

首先在 hh 上取一适当的点 F_1 作为辅助灭点，连线 $F_1B°$，与过 $A°$ 的水平线相交于点 B_1，然后按 $A°B_1$ 的长度，在水平线上连续截取若干段，得分点 C_1、D_1、E_1……由这些点再向 F_1 点引直线，与 $A°M°$ 相交，得透视分点 $C°$、$D°$、$E°$……如果还需连续截取若干段，则自点 $D°$ 作水平线，与 F_1E_1 相交于 E_2，按 $D°E_2$ 的长度，在其延长线上连续截得几点 G_2、H_2、K_2 等，再与 F_1 点相连，又可在 $A°M°$ 上求得几个透视分点 $G°$、$H°$、$K°$ 等。

2. 矩形的分割

（1）利用矩形的两条对角线将矩形等分为两个全等的矩形。图 10－22（a）和（b）所示都是矩形的透视图，要求将它们分割成两个全等的矩形。首先作矩形的两条对角线 $A°C°$ 和 $B°D°$，通过对角线的交点 $E°$，作边线的平行线（图（b）中与灭点相连），就将矩形等分为二。显然，重复使用此法，还可继续将其分割成更小的矩形。

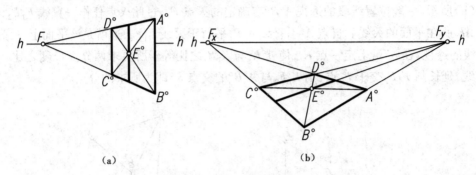

（a）　　　　　　　　　　　（b）

图 10－22　将透视矩形等分为二

（2）利用一条对角线和一组平行线，将矩形分割成若干个全等的矩形，或按比例分割成几个小的矩形。图 10－23 所示是一矩形铅垂面，要求将它竖向分割成三个全等的矩形。首先，以适当长度为单位，在铅垂边线 $A°B°$ 上，自点 $B°$ 截取三个分点 1、2、3；连线 $1F$、$2F$、$3F$，矩形 $B°36C°$ 的对角线 $3C°$ 与 $1F$、$2F$ 相交于点 4 和 5，过点 4 和 5 各作铅垂线，即将矩形分割成全等的三个矩形。

图 10－24 所示矩形 $A°B°C°D°$ 被竖向分割成三个矩形，要求其宽度之比为 3∶1∶2。作图方法与图 10－23 基本相同，只是在铅垂边线 $A°B°$ 上截取三段的长度之比为 3∶1∶2。

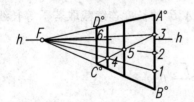
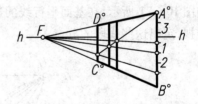

图 10－23　将透视矩形等分为三　　**图 10－24　将透视矩形分割为成比例的三部分**

3. 矩形的延续

按照一个已知矩形的透视，连续地作一系列等大矩形的透视，是利用这些矩形的对角线相互平行的特性来解决作图问题的。

图 10－25（a）中给出了一个铅垂的矩形 $A°B°C°D°$，要求连续地作出几个相等的矩形。首先作出两条水平线的灭点 F_x 及对角线 $B°D°$ 的灭点 F_1。画第二个矩形时，连接 $C°F_1$ 与 $A°D°$ 边的延长线交于 $E°$ 点，过点 $E°$ 作第二个矩形的铅垂边线 $E°J°$。以下的矩形，均按同样步骤求出。

按上述方法作图，如果对角线的灭点 F_1 超出图板范围，这时就可按图 10－25（b）所示方法作图，首先作出矩形 $A°B°C°D°$ 的水平中线 $K°G°$，连线 $B°G°$ 并延长交 $A°D°$ 延长线于点 $E°$；过 $E°$ 作第二个矩形的铅垂边线 $E°J°$。以下的矩形均按同样步骤求出。

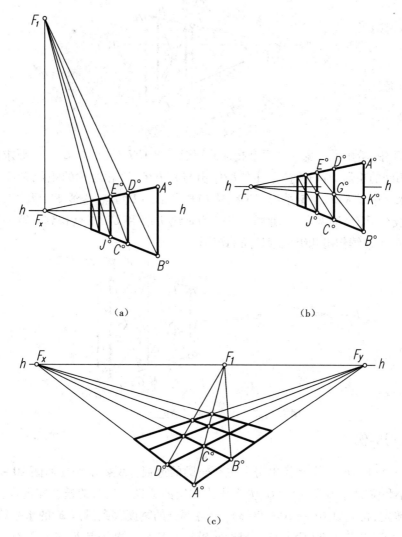

(a)　　　　　　(b)

(c)

图 10 – 25　作一系列等大连续的矩形

图 10 – 25(c)中给出了一个水平矩形的透视 $A^{\circ}B^{\circ}C^{\circ}D^{\circ}$，要求在纵横两个方向，连续作出若干个全等的矩形。首先定出两个主向灭点 F_x 和 F_y，延长对角线 $A^{\circ}C^{\circ}$ 与视平线 hh 相交于 F_1，F_1 即对角线的灭点，其他矩形的对角线均平行于 $A^{\circ}C^{\circ}$，消失于同一灭点 F_1，据此即可画出一系列连续的矩形。

此法对于一般位置平面上的矩形以至平行四边形的连续作图，也同样适用。读者可自行作图验证。

4. 作对称形

对称图形的透视作图，主要也是利用对角线来解决的。

图 10 – 26 中，给出了透视矩形 $A^{\circ}B^{\circ}C^{\circ}D^{\circ}$ 及 $C^{\circ}D^{\circ}E^{\circ}G^{\circ}$，求与 $A^{\circ}B^{\circ}C^{\circ}D^{\circ}$ 相对称于 $C^{\circ}D^{\circ}E^{\circ}G^{\circ}$ 的矩形 $E^{\circ}G^{\circ}M^{\circ}L^{\circ}$。为此，首先作出矩形 $C^{\circ}D^{\circ}E^{\circ}G^{\circ}$ 的两条对角线的交点 K°，连线 $B^{\circ}K^{\circ}$，与 $A^{\circ}E^{\circ}$ 延长线相交于点 L°，自 L° 作铅垂线 $L^{\circ}M^{\circ}$，则矩形 $E^{\circ}G^{\circ}M^{\circ}L^{\circ}$ 是与 $A^{\circ}B^{\circ}C^{\circ}D^{\circ}$ 相对称的矩形。

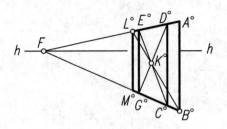

图 10 - 26　作对称矩形

图 10 - 27 中,给出了一宽一窄两个相连的矩形 $A°B°C°D°$ 与 $C°D°E°G°$。要求连续作出若干组宽窄相间的矩形。首先,按上述方法作出与 $A°B°C°D°$ 相对称的矩形 $E°G°M°L°$,并画出矩形的水平中线 $K°F$,与铅垂线 $E°G°$、$M°L°$ 相交于 1、2 两点,连线 $B°1$ 及 $C°2$ 并延长,与 $A°L°$ 延长线交于 $J°$、$U°$ 两点,由此两点各作铅垂线 $J°N°$ 和 $U°T°$,就得到一宽一窄两个矩形。按此步骤,可连续作出几组宽窄相间的矩形。

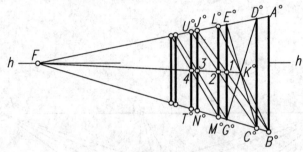

图 10 - 27　作宽窄相间的连续矩形

10.4.2　应用实例

如图 10 - 28(b)所示,设已作出房屋主要轮廓的透视。现要求按立面图 10 - 28(a)给出的门窗大小和位置,在墙面 $A°B°C°D°$ 上画出门窗的透视。门窗的透视宽度即按图 10 - 18 所示方法确定,将立面图(图 10 - 28(a))上各部分的宽度移到过点 $B°$ 的水平线上,得到 1、2、3……C_1 各点,连接 C_1 和 $C°$ 并延长,与 hh 相交于点 F_1。再从点 F_1 向 1、2、3……各点引直线,与 $B°C°$ 相交得 1°、2°、3°……,由此作铅垂线,即为门窗左右边线的透视。

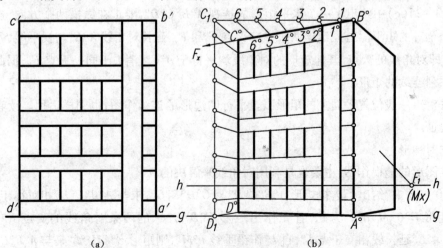

(a)　　　　　　　　　　　　　　　(b)

图 10 - 28　确定门窗的透视位置

　　如果 $A°B°$ 是真高线,也就是说透视点 $B°$ 就是点 B 本身,那么,灭点 F_1 就是与 F_x 灭点相应的量点 M_x。

　　$A°B°$ 既是真高线,那么就可把门窗的高度全部量取在 $A°B°$ 上,然后向灭点 F_x 引直线,就得到门窗上下边线的透视。如 F_x 位置较远,为方便起见,可通过点 C_1 作铅垂线 C_1D_1,在其上定出门窗的高度点,然后向 F_1 引直线与 $C°D°$ 交得各点,再与 $A°B°$ 上各高度点相连,就完成了门窗透视的全部作图。

第 11 章　透视图中的阴影

绘制透视阴影是指在已画成的建筑透视图中,按选定的光线方向求作阴影的透视。

在透视图中直接求作落影所采用的光线有两种,即平行光线和辐射光线。而平行光线又可根据它与画面的相对位置不同分为两种:一种是平行于画面的平行光线,可称之为画面平行光线;另一种是与画面相交的平行光线,可称之为画面相交光线。平行光线往往用于室外透视图,辐射光线则多用于室内透视图。本章主要介绍画面平行光线下的阴影,简单说明画面相交光线下的阴影。

第 7、8 章归纳出来的落影规律,在求作透视阴影时,有些仍能保持并可加以利用;有些虽能保持,但在利用时必须结合透视投影的消失规律;有些则完全不起作用。

11.1　画面平行光线下的阴影

11.1.1　光线的透视特性

如图 11 −1 所示,光线 L 平行于画面 P,光线在基面上的正投影(即 H 面投影)l 与基线 gg 平行。光线的透视 $L°$ 则与光线自身保持平行,从而也就反映了光线对基面的实际倾角。光线的基透视 $l°$ 平行于基线 gg,也平行于视平线 hh。图中另一条光线同样有此特性。

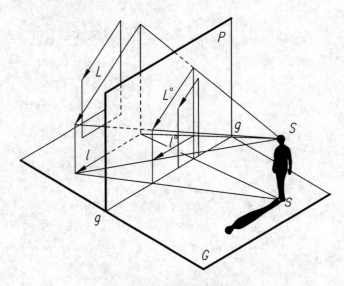

图 11 −1　与画面平行的光线

光线可从右上方射向左下方,也可从左上方射向右下方,而且倾角大小可根据需要选定,在本书中均以 45° 为例。平行画面的平行光线主要用于两点透视图中求作落影,在一点透视与三点透视中则不宜使用。

11.1.2　点的落影

点在承影面上的落影仍为点,该落影实际就是通过此点的光线与承影面的交点。

在此说明,求作透视阴影时所用字母一般省略右上角的°,但指的是透视。如用 A 表示其透视 $A°$。

1. 点在基面上的落影

图 11 –2(a)为空间一点的透视 A 和基透视 a,图中没有画出任何承影面的透视,事实上,视平线以下部分为基面 G 的透视。欲求点 A 在基面上的落影,首先过点 A 引光线的透视 L(45°),过点 a 作光线的基透视 l($/\!/hh$), L 和 l 相交,交点 $\overline{A}$ 即为点 A 在基面(即地面)上的落影,如图 11 –2(b)所示。

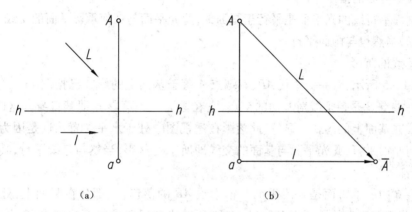

图 11 – 2　点在地面上的落影

2. 点在铅垂面上的落影

如图 11 –3 所示,已知空间点 $A(a)$ 和一铅垂面 1234,铅垂面的底边 12 在基面上,求点 A 在此铅垂面上的落影。设想包含过点 A 的光线和 Aa 线作一辅助光平面,该光平面与基面的交线 $a5$ 为光线的基透视 l;该辅助平面与承影面的交线是过点 5 的铅垂线,这是因为辅助光平面与承影面均为铅垂面。光线 L 与过 5 的铅垂线相交于 $\overline{A}$,且 $\overline{A}$ 位于承影面 1234 范围内,所以 $\overline{A}$ 点是点 A 在铅垂的承影面上的落影。如果点 A 铅垂上移至点 B,过点 B 的光线与过点 5 的铅垂线相交于承影面 1234 范围之外,说明点 B 在该承影面内没有落影。过点 B 的光线继续延长,与 $a5$ 延长线相交于 $\overline{B}$ 点,$\overline{B}$ 点即为点 B 的落影,其落影在基面上。

3. 点在一般斜面上的落影

如图 11 –4 所示,斜面的一边 CD 在基面上,求空间一点 A 在一般斜面 $CDEK$ 上的落影。设想包含过点 A 的光线和 Aa 线作一辅助光平面,该光平面与基面相交于 aⅠ,与斜面所在立体的截交线为Ⅰ2Ⅱ,则过 A 点的光线 L 与ⅠⅡ线相交,交点 $\overline{A}$ 就是点 A 在一般斜面上的落影。

11.1.3　直线的落影

直线在承影平面上的落影一般仍为直线。直线的落影实际上是通过直线上所有点引出的光线,组成一光线平面(简称光平面)与承影平面的交线。

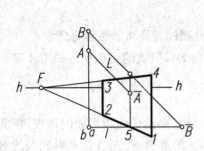

图 11-3　点在铅垂面上的落影

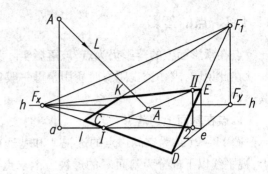

图 11-4　点在一般斜面上的落影

1. 画面平行线的落影

包含画面平行线的光平面是平行于画面的,此光平面与任何承影平面的交线,即画面平行线的落影,当然也与画面平行。

1) 铅垂线的落影

如图 11-5 所示,有一铅垂线 AB,其端点 A 落于基面上的影 $\bar{A}$ 已按图 11-2 所示方法求出。另一端点 B 是铅垂线对基面的交点,它在基面上的落影 $\bar{B}$ 即其自身。这样,连线 $\overline{AB}$ 即为铅垂线在基面上的落影。显然,此落影在透视图中处于水平位置。这是因为过铅垂线的光平面与画面平行,此光平面与基面的交线即所求的落影,当然与基线平行,其透视也就与基线平行。

图 11-6 中的承影面是一铅垂面。铅垂线 AB 的落影,一部分在基面上,处于水平位置;另一部分则在铅垂的承影面 1234 上,这两段落影在铅垂承影面的底边 12 上相交,成为折影点。这与第 8 章归纳的落影相交规律仍然相符。同时看到,直线 AB 与承影面均垂直于基面,相互间是平行的,从而 AB 线在铅垂面上的一段落影 $K\bar{A}$ 与 AB 线本身平行,在透视图中仍表现为平行的,因为两者都平行于画面。

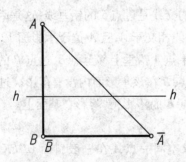

图 11-5　铅垂线在地面上的落影

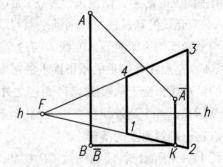

图 11-6　铅垂线在铅垂面上的落影

如图 11-7 所示,有两根铅垂线 AB 与 CD 和一个一般斜面。AB 线的落影参照图 11-4 不难画出。落影的一部分 $\bar{B}1$ 在基面上,另一部分 $1\bar{A}$ 在斜面上,这两段落影在斜面与基面的交线上相交而成为折影点。此处应注意到,落影 $1\bar{A}$ 是斜面上的一段直线,如果它有灭点,其灭点一定在斜面的灭线 F_xF_1 上。可是落影 $1\bar{A}$ 又是过铅垂线 AB 所引出的光平面内的一段直线,而光平面是平行于画面的,落影 $1\bar{A}$ 当然也平行于画面,就不会形成灭点。因此,落

影 $1\bar{A}$ 与灭线 F_xF_1 只能是相互平行的。明确看到这一特性,就不难依据灭线画出落影 $1\bar{A}$ 了。同样,CD 线在斜面上的一段落影 $2\bar{C}$ 当然也平行于 F_xF_1。于是,两条铅垂线在同一斜面上的落影是相互平行的。

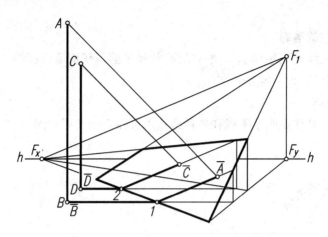

图 11 - 7　铅垂线在一般斜面上的落影

2）平行于画面的斜线的落影

如图 11 - 8 所示,有一斜线 AB,根据它的基透视 $ab // hh$ 看出,这是一条平行于画面的斜线。现欲求 AB 线在基面、铅垂面和一般斜面上的落影。设想包含 AB 线作一光平面,此光平面与画面平行。光平面与基面的交线必然与 ab 重合。因此,AB 线在基面上的一段落影 $\bar{A}1$ 与 ab 同在一条直线上。点 1 是折影点,落影由点 1 折向铅垂面上,在铅垂面上的落影是一段竖直线 12。点 2 也是一个折影点,由此,AB 的落影又折向斜面上。AB 在斜面上的落影是斜面上与画面平行的直线,一定平行于斜面的灭线。因此,先将灭点 F_x 和 F_1 连成灭线,然后过点 2 并平行于灭线 F_xF_1 引出交线 23,再从 B 点引光线,与 23 线相交于点 $\bar{B}$,线段 $2\bar{B}$ 就是 AB 线在斜面上的落影。如果从透视图中看出,AB 线平行于灭线 F_xF_1,表明 AB 线与承影斜面平行,则 AB 线与其落影 $2\bar{B}$ 也平行,在透视图中可以直接反映出这种平行关系。其他任何直线,只要与画面和承影面同时平行,其落影均有此特性。

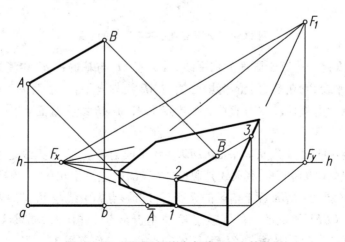

图 11 - 8　画面平行线在各种平面上的落影

综合以上各例,可以得出如下结论:画面平行线(包括铅垂线和斜线)不论是在水平面、铅垂面或其他任何斜面上的落影,仍然是一条画面平行线,因此,落影与承影面的灭线一定互相平行。落影的平行规律在透视图中可以直接反映出来。作图时如能利用这一规律,将得到很大便利。

2. 画面相交线的落影

包含画面相交线的光平面总是倾斜平面,此光平面与任何承影面的交线,即画面相交线的落影,此落影与画面也一定是斜交的。

1)水平线的落影

通过图 11 -9 着重说明水平线在各种位置承影面上的落影作图。

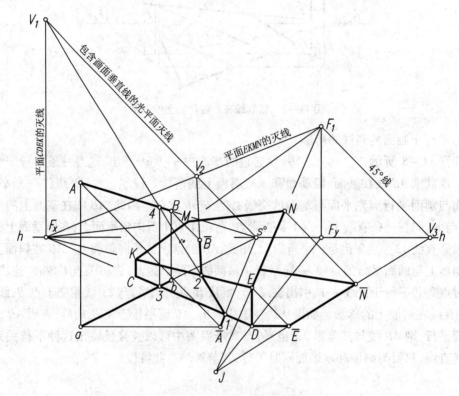

图 11 -9 水平线在各种平面上的落影

图中直线 AB 是一垂直于画面的水平线,其透视 AB 与基透视 ab 均消失于心点 s°。直线 AB 既然是水平线,它在基面上的落影必然与 AB 线本身平行,也消失于心点 s°。自点 A 的落影 Ā 向心点 s°引直线,与 CD 直线相交于点 1,Ā1 是 AB 线在基面上的一段落影,点 1 是折影点。

AB 线的落影通过点 1 即折向平面 CDEK。该平面为铅垂面,其灭线是过灭点 F_x 的铅垂线。包含 AB 线所作的光平面,其灭线是通过 AB 线的灭点 s°引出的 45°线。这两条灭线的交点 V_1,就是 AB 线在 CDEK 面上落影的灭点。自折影点 1 引线至 V_1,与 EK 边相交于点 2,12 就是 AB 线在 CDEK 平面的一段落影,点 2 也是折影点。作图时,如果认为 V_1 点太远,占用图幅太大,也可以利用 AB 线与 CDEK 面的交点 4 来求作落影 12。基透视 ab 与底边 CD 相交于点 3,由此向上引垂线,与透视 AB 相交于点 4,点 4 就是 AB 线与 CDEK 面的交点。由折影点 1 向点 4 引直线,同样可得到落影 12。

由折影点 2,AB 的落影即折向一般斜面 $EKMN$ 上。此斜面的灭线是两灭点 F_x 和 F_1 的连线。包含 AB 线光平面的灭线 $s°V_1$ 和斜面灭线 F_xF_1 相交于点 V_2,V_2 就是 AB 线在斜面上落影的灭点。由折影点 2 向 V_2 引直线,与过点 B 的光线相交于点 $\bar{B}$。2$\bar{B}$ 即为 AB 线在斜面上的一段落影。

折线 $\bar{A}1-12-2\bar{B}$ 就是水平线 AB 在三个不同位置但彼此相交平面上的落影。

图 11-9 中 DE、EN、NM 三条直线都落影于基面上。铅垂线 DE 的落影是水平的线段 $D\bar{E}$。MN 线在空间是水平线,它在基面上的落影与 MN 线本身平行,消失于同一灭点 F_x。EN 在空间是一般斜线,其灭点是 F_1。包含 EN 线光平面的灭线是通过 F_1 点的 45°线,而视平线 hh 是基面 G 的灭线,两灭线的交点 V_3,即 EN 线在基面上落影 $\overline{EN}$ 的灭点。如果灭点 V_3 太远,超出了图面,可以弃而不用。可将 EN 线延长,求出它与基面的交点 J。EN 线的落影 $\overline{EN}$ 必然通过 J 点。有时利用直线与平面的交点求落影更方便。

2)一般位置斜线的落影

图 11-10 中的承影面与图 11-9 相同,只是空间直线为一般斜线 AB,其灭点为 F_2 (f_2)。本图着重说明一般斜线在三个不同承影面上的落影。

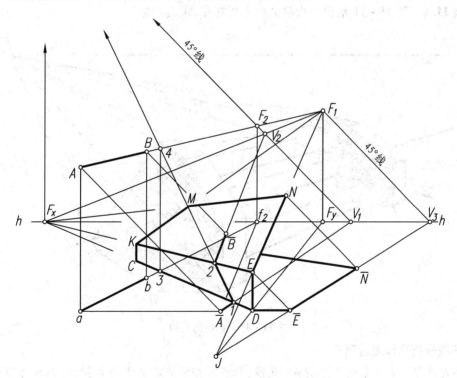

图 11-10　一般斜线在各种平面上的落影

欲求 AB 线在基面上的落影,当然可以先求出它的两端点在基面上的落影,然后相连而得到。但本图中,仅作出 A 点在基面上的落影 $\bar{A}$,随后通过 AB 线的灭点 F_2 作 45°线,这就是包含 AB 线所作光平面的灭线,与视平线 hh(即基面的灭线)相交,交点 V_1 就是 AB 线在基面落影的灭点。$\bar{A}V_1$ 连线与 CD 线相交于点 1,$\bar{A}1$ 即 AB 线在基面上的一段落影。

通过点 1,落影即折向铅垂面 $CDEK$ 上。此处是将 AB 线与 $CDEK$ 面的交点 4 求出来,连线 14 与 *EK* 边相交于 2 点,12 即 *AB* 线在铅垂面上的一段落影。

通过点 2,落影即折向一般斜面 *EKMN* 上。斜面的灭线为 F_xF_1,包含 *AB* 线光平面的灭线是 F_2V_1,两者的交点 V_2 就是 *AB* 线在斜面落影的灭点。连线 $2V_2$ 与通过点 *B* 的光线相交于点 $\bar{B}$,$2\bar{B}$ 就是 *AB* 线在斜面上的一段落影。

折线 $\bar{A}1 - 12 - 2\bar{B}$ 就是一般斜线在三个位置不同但彼此相交平面上的落影。

综合以上两例,可以得出如下结论。

画面相交线不论是在水平面、铅垂面或一般斜面上的落影,通常也是一条画面相交线,也有灭点。

由于直线的落影是包含该直线的光平面与承影面的交线,因此,光平面的灭线和承影面的灭线,两者交点就是两平面交线(即落影)的灭点。在画面平行光线下,包含画面相交线所引光平面的灭线,是通过该直线的灭点引出的光线平行线(45°线)。

在求作画面相交线的落影前,先求出落影的灭点对求作落影大为有利。当然,如果落影的灭点太远也是不方便的,需视具体情况灵活运用。

11.1.4　建筑形体阴影作图示例

例 11.1　图 11 - 11 给出一台阶的两点透视图,求其阴影。

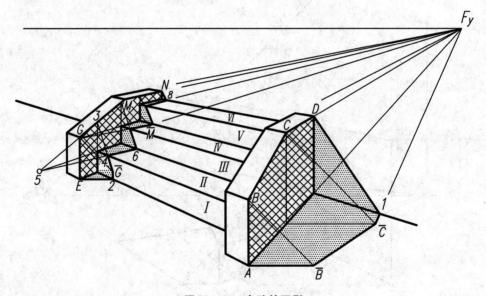

图 11 - 11　台阶的阴影

解题分析及作图过程

在此采用从左上射向右下的 45°光线,则左右挡板的右侧表面为阴面,其余为阳面。阴线则为右侧挡板上的 *AB-BC-CD* 和左侧挡板上的 *EG-GM-MN*。右侧挡板落影比较简单,*AB* 的影完全落在地面上,$A\bar{B}$ 与视平线 *hh* 平行。*BC* 的影也落于地面,求出 *C* 的落影 $\bar{C}$,连线 $\overline{BC}$ 即为 *BC* 的影。*CD* 的影分为两部分,一部分落在地面上,另一部分落在墙面上。落在地面的影 $\overline{C1}$ 与其自身平行,与 *CD* 线共灭点 F_y。连线 *D1* 即为 *CD* 落于墙面的影。

左侧挡板的影稍复杂,在此采用延棱扩面法求影。*EG* 为铅垂线,在地面的影 *E2* 与视平线 *hh* 平行,在Ⅰ面上的影 $2\bar{G}$ 与其自身平行。*GM* 为斜线,其影分别落于Ⅰ、Ⅱ、Ⅲ、Ⅳ面上,采用延棱扩面法求其影。GM 与扩大的 I 面相交于 3 点,则在 I 面上的影为 $\overline{G}4$ 部分。延长 MG 与扩展的 II 面相交于 5 点,则在 II 面上的影为 46 部分。在 III、IV 面上的影用同样的方法可求出,M 点落影在 IV 面上为 $\overline{M}$。MN 与地面平行,其落影在 IV、V、VI 以及墙面上。MN 与 IV、VI 两个踏面平行,影与其自身平行,表现为相交于 F_y 灭点。在踢面 V 上的影仍然采用延棱扩面法求出。在墙面上的影将 N、8 两点连接起来即可。

例 11.2　图 11 – 12 是一带有雨篷和壁柱的门洞,求其阴影。

解题分析

光线从左上方射向右下方,则雨篷下表面及右侧面为阴面,阴线为 DC-CB-BA;壁柱右侧面为阴面,阴线为 GJ 和 KN 两条棱线。

作图过程

求影:由于没有画出门洞的下半部,无法利用光线在基面上的基透视。但是,可以作出光线在雨篷底面上的基透视,仍然是一条水平线。据此,也能作出落影。

过壁柱棱线的端点 G 作水平线与雨篷阴线 CD 交于点 1,自点 1 作光线 11_0,水平线 $1G$ 就是光线 11_0 在雨篷底面上的基透视。点 1 的落影 1_0 正好在棱线 GJ 上。过影点 1_0 向 F_x 作直线,这就画出了雨篷阴线 CD 在壁柱正面上的落影。

光线的投影 $1G$ 延长,与墙面相交于 EM 延长线上的点 2,过点 2 作铅垂线,壁柱阴线 GJ 在墙面上的落影即在该线上。该线与光线 11_0 相交于点 1_1,此处,1_0 为滑影点,1 点先落影于 GJ 上的 1_0,再滑影到墙面的 1_1 点。过 1_1 向 F_x 作直线并延长,可得到阴线 CD 在墙面上的落影方向 $\overline{C}3_1$,该影线与过点 C 的光线交于 $\overline{C}$,得到 CD 线在墙面上的影 $1_1\overline{C}$。

过 $\overline{C}$ 作铅垂线,与过点 B 的光线交于 $\overline{B}$,$\overline{BC}$ 即 BC 在墙面的落影;连线 $\overline{BA}$ 即 BA 在墙面的落影。

雨篷阴线 CD 及壁柱阴线 KN 在门洞内的落影,不难按上述步骤求出,不再详述。

雨篷及壁柱的落影如图 11 – 12 所示。

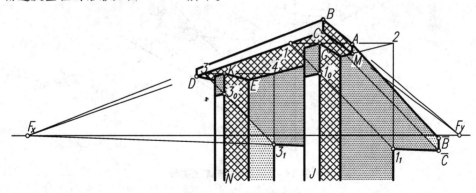

图 11 – 12　门洞的阴影

11.2　画面相交光线下的阴影

11.2.1　光线的透视特性

光线与画面相交,光线的透视则汇交于光线的灭点 F_L,其基透视则汇交于视平线 hh 上

的基灭点 F_l，F_L 与 F_l 的连线垂直于视平线。

画面相交光线的投射方向有两种不同的情况。

（1）光线自画面后向观者迎面射来，如图 11 – 13 所示。此时，光线的灭点 F_L 在视平线的上方，光源如果是太阳的话，F_L 点就是太阳的透视位置。

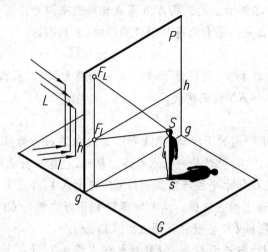

图 11 – 13　迎面射来的光线

（2）光线自观者身后射向画面，如图 11 – 14 所示，光线的灭点 F_L 则在视平线的下方。

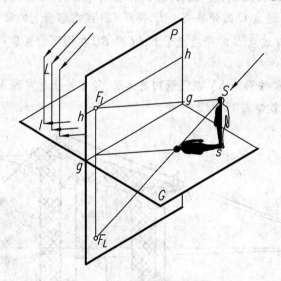

图 11 – 14　射向画面的光线

11.2.2　四棱柱在不同方向光线作用下的落影

在上述两种不同方向光线的照射下，立体表面的阴面和阳面不同，立体的影也有所不同。

如图 11 – 15 所示，图（a）光线从左后方射向画面，图（c）光线从左前方射向观者，如果光线的灭点处于立体两个主向灭点 F_x 和 F_y 的外侧，则透视图中立体两个可见的主向平面一为阴面，一为阳面。

图(b)光线从右后方射向画面,图(d)光线从左前上方射向观者。如果光线灭点处于立体两个主向灭点 F_x 和 F_y 之间,则透视图中两个可见的主向平面,或均为阳面,如图(c)所示,或均为阴面,如图(d)所示。

在透视阴影作图中,一般采用图(a)和(b)所示形式,图(c)也可采用,但图(d)则很少采用。

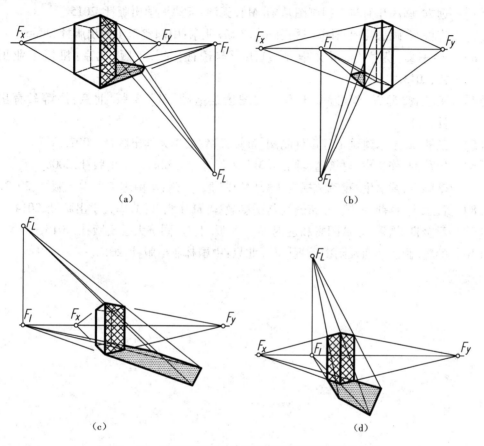

图 11-15　不同光线下立体阳面和阴面以及落影的变化

参考文献

[1] 远方.画法几何与工程制图基础[M].天津:天津大学出版社,2015.

[2] 许松照.画法几何与阴影透视[M].3版.北京:中国建筑工业出版社,2006.

[3] 吴书霞,莫章金,黄文华.建筑阴影与透视[M].2版.北京:机械工业出版社,2013.

[4] 王桂梅,远方,刘继海.土木工程图读绘基础[M].3版.北京:高等教育出版社,2013.

[5] 王桂梅.土木建筑工程设计制图[M].天津:天津大学出版社,2002.

[6] 乐荷卿,陈美华.建筑透视阴影[M].4版.长沙:湖南大学出版社,2008.

[7] 李国生,黄水生.建筑透视与阴影[M].3版.广州:华南理工大学出版社,2012.

[8] 黄水生,黄莉,谢坚.建筑透视与阴影教程[M].北京:清华大学出版社,2014.

[9] 章金良,周乐.建筑阴影和透视[M].5版.上海:同济大学出版社,2015.

[10] 韩豹.画法几何及阴影透视[M].北京:中国林业出版社,2012.